建设工程预算与工程量清单编制实例

装饰装修工程预算与工程量清单编制实例

主编　杜贵成

参编　白雅君　侯燕妮　李　瑾

机械工业出版社

本书主要依据《建设工程工程量清单计价规范》（GB 50500—2013）、《房屋建筑与装饰工程工程量计算规范》（GB 50854—2013）、《房屋建筑与装饰工程消耗量》（TY 01—31—2021）等现行规范和标准编写。内容包括：装饰装修工程预算基本知识，装饰装修工程清单计价体系，装饰装修工程定额计价，建筑面积计算，楼地面装饰工程，墙、柱面装饰与隔断、幕墙工程，天棚工程，门窗工程，油漆、涂料、裱糊工程，其他装饰工程，拆除工程及措施项目，装饰装修工程工程量清单计价编制实例。

本书可供装饰装修工程造价人员在编制招标投标文件、工程量清单及报价时参考，也可作为造价专业人员的入门教材。

图书在版编目（CIP）数据

装饰装修工程预算与工程量清单编制实例/杜贵成主编. —北京：机械工业出版社，2023.6

（建设工程预算与工程量清单编制实例）

ISBN 978-7-111-73691-2

Ⅰ.①装… Ⅱ.①杜… Ⅲ.①建筑装饰-工程装修-建筑预算定额②建筑装饰-工程造价 Ⅳ.①TU723.3

中国国家版本馆 CIP 数据核字（2023）第 154402 号

机械工业出版社（北京市百万庄大街22号　邮政编码100037）

策划编辑：闫云霞　　　　　　责任编辑：闫云霞　刘　晨

责任校对：张亚楠　张　征　　封面设计：张　静

责任印制：单爱军

北京虎彩文化传播有限公司印刷

2024 年 1 月第 1 版第 1 次印刷

184mm×260mm · 13.75 印张 · 340 千字

标准书号：ISBN 978-7-111-73691-2

定价：59.00 元

电话服务　　　　　　　　　　网络服务

客服电话：010-88361066　　　机　工　官　网：www.cmpbook.com

　　　　　010-88379833　　　机　工　官　博：weibo.com/cmp1952

　　　　　010-68326294　　　金　书　网：www.golden-book.com

封底无防伪标均为盗版　　机工教育服务网：www.cmpedu.com

前　言

改革开放以来，随着社会的进步和人们生活水平的不断提高，人们对工作环境和居住环境的要求不再仅仅满足于实用和经济，在经济条件许可的情况下，更渴望舒适美观的工作和生活环境，从而也带动了建筑装饰行业的迅猛发展。但在建设市场特别是投资比重较大的装饰工程中，工程造价缺乏全面的、系统的、全过程的控制和管理，人们在享受建筑装饰带来的美感和舒适的同时，也经常抱怨装修工程是一个无底洞，工程造价难以控制。如何在工程造价过程中发现这些问题，并有效地解决就成为关键。希望通过本书能够帮助读者更好地掌握装饰装修工程预算和清单编制的相关知识。

本书主要内容包括：装饰装修工程预算基本知识，装饰装修工程清单计价体系，装饰装修工程定额计价，建筑面积计算，楼地面装饰工程，墙、柱面装饰与隔断、幕墙工程，天棚工程，门窗工程，油漆、涂料、裱糊工程，其他装饰工程，拆除工程及措施项目，装饰装修工程工程量清单计价编制实例。本书内容由浅入深，从理论到实例，主要涉及装饰装修工程的造价部分，在内容安排上既有工程量清单、工程定额的基本知识，又结合了工程实践，并配有大量实例，做到理论知识与实际技能相结合，更方便读者对知识的掌握和应用，可操作性强。

本书可供装饰装修工程造价人员在编制招标投标文件、工程量清单及报价时参考，也可作为造价专业人员的入门教材。

由于编者的经验和学识有限，尽管尽心尽力编写，疏漏或不妥之处仍在所难免，恳请相关专家和读者提出宝贵意见。

编　者

2022.12

目　录

第1章 装饰装修工程预算基本知识

1.1 装饰装修工程预算概述

1.1.1 建筑装饰工程预算的概念

建筑装饰工程预算，就是指在执行基本建设程序过程中，根据不同设计阶段的装饰工程设计文件的内容和国家规定的装饰工程定额，各项费用的取费率标准及装饰材料预算价格等资料，预先计算和确定每项新建或改建装饰工程所需要的全部投资额的经济文件。建筑装饰工程按不同的建设阶段和不同的作用，编制设计概算、施工图预算（预算造价）、施工预算和工程决（结）算。在实际工作中，人们常将装饰工程设计概算和施工图预算统称为建筑装饰工程预算或装饰工程（概）预算。

1.1.2 建筑装饰工程预算的作用

1. 确定建筑装饰工程造价的重要文件

装饰工程（概）预算的编制是根据装饰工程设计图纸和有关（概）预算定额等正规文件进行认真计算后，经过有关单位审批确认后的具有一定法令效力的文件，它所计算的总价值包括工程施工中所有费用，是被有关各方面共同认可的工程造价，一般情况下均可遵照执行。它同装饰工程的设计图纸和有关批文一起，构成一个建设项目或单（项）位工程的工程执行文件。

2. 选择和评价装饰工程设计方案的衡量标准

各类装饰工程的设计标准、构造形式、工艺要求和材料类别等的不同，都会如实地反映到装饰工程（概）预算上来，所以，我们可以通过装饰工程（概）预算中的各项指标，对不同的设计方案进行分析比较和反复论证，从中选择艺术上美观、功能上适用、经济上合理的设计方案。

3. 控制工程投资和办理工程款项的主要依据

经过审批的装饰工程（概）预算是投资金额的遵循准则，同时也是办理工程拨款、贷款、预支和结算的依据，如果没有这项依据，执行单位有权拒绝办理任何工程款项。

4. 签订工程承包合同、确定招标标底和投标报价的基础

装饰工程（概）预算一般都包含了整个工程的施工内容，具体的实施要求都以合同条款的形式加以明确以备核查；而对招标投标工程的标底和报价，也是在装饰工程（概）预算的基础上，依具体情况进行适当调整而确定的。所以，没有一个完整的（概）预算书，就很难具体订立合同的实施条款和招标投标工程的标的价格。

5. 做好工程各阶段的备工备料和计划安排的主要依据

业主对工程费用的筹备计划、承包商对工程的用工安排和材料准备计划等，都是以（概）预算所提供的数据为依据进行安排的。所以，编制（概）预算的正确与否，都将直接影响到准备工作安排的好坏程度。

1.1.3 建筑装饰工程预算的分类

1. 按工程建设阶段分类

按照基本建设阶段和编制依据的不同，装饰工程投资文件可分为工程估算、设计概算、施工图预算、施工预算和竣工决算五种情况。

（1）工程估算 工程估算是指根据设计任务书规划的工程规模，依照概算指标所确定的工程投资额、主要材料总数等经济指标。它是设计（计划）任务书的主要内容之一，也是审批项目（立项）的主要依据之一。

（2）设计概算 设计概算是指在初步设计或扩大初步设计阶段，由设计单位以投资估算为目标，预先计算建设项目由筹建至竣工验收、交付使用的全部建设费用的经济文件，它是根据初步设计图纸，概算定额（或概算指标），设备预算价格，各项费用定额或取费标准和建设地点的自然、技术经济条件等资料编制的。

设计概算是国家确定和控制建设项目总投资以及编制基本建设计划的依据，每个建设项目只有在初步设计和概算文件被批准之后，才能列入基本建设计划，才能开始进行施工图设计。同时，设计概算也是确定工程投资最高限额和分期拨款的依据。设计概算文件应包括建设项目总概算、单项工程概算和其他工程的费用概算。

（3）施工图预算 施工图预算是指设计工作完成并经过图纸会审之后，承包商在开工前预先计算和确定单项工程或单位工程全部建设费用的经济文件。它是根据施工图纸、施工组织设计（或施工方案）、现行预算定额、各项费用定额（或取费标准）、建设地区的自然及技术经济条件等资料编制成的。

施工图预算是确定建筑安装工程预算造价的具体文件，是签订建筑安装工程施工合同、实行工程预算包干、拨付工程款、安排施工计划和进行竣工结算的依据，是承包商加强经营管理、搞好企业内部经济核算的重要依据与工程施工阶段的法定经济文件。其内容包括单位工程总预算、分部和分项工程预算、其他项目的费用预算三部分。

（4）施工预算 施工预算是承包商以施工图预算（或承包合同价）为目标确定的拟建单位工程（或分部、分项工程）所需的人工、材料、机械台班消耗量及其相应费用的技术经济文件。它是根据施工图计算的分项工程量、施工定额（或企业内部消耗定额）、单位工程施工组织设计或施工方案和施工现场条件等，通过资料分析、计算而编制的。它是承包商内部编制的一种预算形式。

施工预算是签发施工任务单、限额领料、开展定额经济包干、实行按劳分配的依据，也是承包商开展经济活动分析和进行施工预算与施工图预算的对比依据。

施工预算的主要内容包括工料分析、构件加工、材料消耗量和机械台班等分析计算资料，适用于劳动力组织、材料储备、加工订货、机具安排、成本核算、施工调度、作业计划、下达任务、经济包干和限额领料等管理工作。

（5）竣工决算　竣工决算可以分为施工企业内部单位工程的成本决算和业主拟定决策对象的竣工决算，承包商的单位工程成本决算，是以工程结算为依据编制的从施工准备到竣工验收后的全部施工费用的技术经济文件，用于分析该工程施工的最终实际效益。建设项目的竣工决算，是当所建项目全部完工并经过验收后，由业主编制的从项目筹建到竣工验收、交付使用全过程中实际支付的全部建设费用的经济文件，它的作用主要是反映建设工程实际投资额及其投资效果，是作为核定新增固定资产和流动资金价值、国家或主管部门验收小组验收交付使用的重要财务成本依据，是考核装饰工程（概）预算完成额和执行情况的最终依据。

2. 按工程对象分类

（1）单位工程（概）预算　单位工程（概）预算是以单位工程为编制对象编制的工程建设费用的技术经济文件，称为单位工程设计（概）预算，或单位工程施工图预算（也可简称为工程预算）。

（2）工程建设费用（概）预算　工程建设费用（概）预算是指以建设项目为对象，根据有关规定应在建设投资中支付的各种费用的经济文件。

（3）单项工程综合（概）预算　单项工程综合（概）预算是确定单项工程建设费用的综合经济文件。它是由该建设项目的各单位工程（概）预算汇编而成的。当建设项目只是一个单项工程，则不需编制设计总概算，工程建设费用（概）预算列入单项工程综合（概）预算中，以反映该项工程的全部费用。

（4）建设项目总概算　建设项目总概算与设计总概算（或设计概算）相同，是建设项目中各项单位工程概算汇总及设备费用、预备费的总价值。

1.2　装饰装修工程预算的编制

1.2.1　建筑装饰工程预算书的内容

一份完整的装饰工程预算书应包括以下内容：

1）封面。

2）编制说明：包括工程概况和编制依据。

3）费用计算程序表。

4）直接费汇总表。

5）工料分析表。

6）分项工程预算书。

7）工程量计算书。

1.2.2　建筑装饰工程预算书的编制依据

1. 审批后的设计施工图和说明书

经业主、设计单位和承包商共同进行会审并经有关部门会审后的施工图和说明书，是编制装饰工程预算的重要依据之一。它主要包括装饰工程施工图纸说明，总平面布置图、平面图、立面图、剖面图，梁、柱、地面、楼梯、屋顶、门窗等各种详图，以及门窗和材料明细表等。这些资料表明了装饰工程的主要工作对象和主要工作内容，以及结构、构造、零配件等尺寸，材料的品种、规格和数量等。

2. 批准的工程项目设计总概算文件

主管单位在批准拟建（或改建）项目的总投资概算后，将在拟建项目投资最高限额的基础上，对各单项工程规定相应的投资额。因此，在编制装饰工程预算时，必须以此为依据，使其预算造价不能突破单项工程概算中所规定的限额。

3. 施工组织设计资料

装饰施工组织设计具体规定了装饰工程中各分项工程的施工方法、施工机具零配件加工方式、技术组织措施和现场平面布置图等内容。它直接影响整个装饰工程的预算造价，是计算工程量、选套预算定额或单位估价表和计算其他费用的重要依据。

4. 现行装饰工程预算定额

现行装饰工程预算定额是编制装饰工程预算的基本依据。编制预算时，从分部分项工程项目的划分到工程量的计算，都必须以此为标准。

5. 地区单位估价表

地区单位估价表是根据现行的装饰工程预算定额、建设地区的工资标准、材料预算价格、机械台班价格以及水、电、动力资源等价格进行编制的。它是现行预算定额中各分项工程及其子目在相应地区价值的货币表现形式，是地区编制装饰工程预算的最基本依据之一。

6. 材料预算价格

工程所在地区不同、运费不同，必将导致材料预算价格的不同。因此，必须以相应地区的材料预算价格进行定额调整或换算，以作为编制装饰工程预算的依据。

7. 有关标准图和取费标准

编制装饰工程预算除应具备全套的施工图以外，还必须具备所需的一切标准图（包括国家标准图、地区标准图）和相应地区的其他直接费、间接费、利润及税金等费率标准，作为计算工程量、计取有关费用、最后确定工程造价的依据。

8. 预算定额及有关的手册

预算定额及有关的手册是准确、迅速地计算工程量、进行工料分析、编制装饰工程预算的主要基础资料。

9. 其他资料

其他资料一般是指国家或地区主管部门，以及工程所在地区的工程造价管理部门所颁布的编制预算的补充规定（如项目划分、取费标准和调整系数等）、文件和说明等资料。

10. 装饰工程施工合同

施工合同是发包单位和承包单位履行双方各自承担的责任和分工的经济契约，也是当事人按有关法令、条例签订的权利和义务的协议。它明确了双方的责任及分工协作、互相制约、互相促进的经济关系。经双方签订的合同包括双方同意的有关修改承包合同、设计及变更文件，具体包括：承包范围、结算方式、包干系数的确定，材料量、质和价的调整，协商

记录，会议纪要，以及资料和图表等。这些都是编制装饰工程预算的主要依据。

1.2.3　建筑装饰工程预算书的编制方法

装饰工程（概）预算通常由承包商负责编制，其编制的方法主要有以下两种。

1. 单位估价法

单位估价法又称"工程预算单价法"，是根据各分部分项工程的工程量，以当地人工工资标准、材料预算价格及机械台班费等预算定额基价或地区单位估价表，计算工程定额直接费、其他直接费，并由此计算企业管理费、利润、税金及其他费用，最后汇总得出整个工程预算造价的方法。

2. 实物造价法

装饰工程通常采用新材料、新工艺、新构件和新设备，有些项目在现行装饰工程定额中没有包括编制临时定额，同时在时间上又不允许，则通常采用实物造价法编制预算。实物造价法是依据实际施工中所用的人工、材料和机械等单价，按照现行的定额消耗量计算人工费、材料费和机械费，并汇总后计算其他直接费用，然后再按照相应的费用定额计算间接费、利润、其他费用和税金，最后汇总形成工程预算造价的方法。

1.2.4　建筑装饰工程预算书的编制步骤

装饰工程预算，在满足编制条件的前提下，一般可按下列程序进行。

1. 收集相关的基础资料

收集相关的基础资料主要包括：经过交底会审后的施工图纸、批准的设计总概算书、施工组织设计和有关技术组织措施、国家和地区主管部门颁发的现行装饰工程预算定额、工人工资标准、材料预算价格、机械台班价格、单位估价表（包括各种补充规定）及各项费用的收费率标准、有关的预算工作手册、标准图集、工程施工合同和现场情况等资料。

2. 熟悉、审核施工图

施工图是编制预算的主要依据。预算人员在编制预算之前应充分、全面地熟悉、审核施工图，了解设计意图，掌握工程全貌，这是准确、迅速地编制装饰工程施工图预算的关键。只有全面了解设计图并结合预算定额项目、划分的原则，正确而全面地分析该工程中各分部分项工程以后，才能准确无误地对工程项目进行划分，以保证正确地计算出工程量和工程造价。熟悉、审核施工图一般按以下步骤进行：

（1）整理施工图　把目录上所排列的总说明、平面图、立面图、剖面图和构造详图等按顺序进行整理，将目录放在首页，装订成册，避免使用过程中引起混乱而造成失误。

（2）审核施工图　目的是检查施工图是否齐全，根据施工图的目录，对全套图纸进行核对，发现缺少应及时补全，同时收集有关的标准图集。

（3）熟悉施工图，正确计算工程量　经过对施工图进行整理、审核后，就可以进行阅读。其目的在于了解该装饰工程中各施工图之间、施工图与说明之间有无矛盾和错误，各设计标高、尺寸、室内外装饰材料和做法要求，以及施工中应注意的问题，采用的新材料、新工艺、新构件和新配件等是否需要编制补充定额或单位估价表，各分项工程的构造，尺寸和规定的材料品种、规格以及它们之间的相互关系是否明确，相应项目的内容与定额规定的内容是否一致等。熟悉施工图时应做好记录，为精确计算工程量、正确套用定额项目创造条件。

（4）交底会审 承包商在熟悉和审核施工图的基础上，参加由业主主持、设计单位参加的施工图交底会审会议，并妥善解决好施工图交底和会审中发现的问题。

3. 熟悉施工组织设计

施工组织设计是承包商根据施工图、组织施工的基本原则和上级主管部门的有关规定以及现场的实际情况等资料编制的，用以指导拟建工程施工过程中各项活动的技术、经济组织的综合性文件。它具体规定了组成拟建工程各分项工程的施工方法、施工进度和技术组织措施等。所以，编制装饰工程预算前应熟悉并注意施工组织设计中影响工程预算造价的所有有关内容，严格按照施工组织设计所确定的施工方法和技术组织措施等要求，准确计算工程量，套用相应的定额项目，使施工图预算能够反映客观实际。

4. 熟悉预算定额或单位估价表

预算定额或单位估价表是编制装饰工程施工图预算基础资料的主要依据，因此在编制预算之前熟悉和了解装饰工程预算定额或单位估价表的内容、形式和使用方法，是结合施工图迅速、准确地确定工程项目和计算工程量的根本保证。

5. 确定工程量的计算项目

（1）装饰工程分部分项工程的划分 装饰工程可划分为楼地面工程，墙、柱面工程，天棚工程，门窗工程，油漆、涂料、裱糊工程，其他工程，装饰装修脚手架及项目成品保护费，以及垂直运输及超高费等。

1）认真阅读工程施工图，了解施工方案、施工条件及建筑用料说明，先列出各分部工程的名称，再列出分项工程的名称，最后逐个列出与该工程相关的定额子目名称。

2）分项工程名称的确定：一般的装饰工程包括楼地面工程，墙、柱面工程，天棚工程，门窗工程，油漆、涂料、裱糊工程，其他工程，装饰装修脚手架及项目成品保护费，以及垂直运输及超高费，若实际工程仅指一般装饰装修工程中的几个分部，则其他分部工程就无须列出。

3）分项工程名称的确定：分项工程名称的确定需要根据具体的施工图来进行，不同的工程其分项工程也不同。例如，有的工程在楼地面工程中会列出垫层、找平层和整体面层等分项工程；有的工程在楼地面工程中会列出垫层、找平层、块料面层等分项工程。

4）定额子目名称的确定：根据具体的施工图中各分项工程所用材料种类、规格以及使用机械的不同情况，对照定额在各分项工程中列出具体的相关定额子目。例如，在墙面工程中的块料面层这一分项工程中，根据材料的种类进行划分有大理石、陶瓷锦砖等；根据施工工艺进行划分有干挂、挂贴等。根据这些具体划分和施工图具体情况，最终列出某工程具体空间的块料面层的一个定额子目。

（2）列定额子目的方法 一般按照对施工过程与定额的熟悉程度可分为以下两种：

1）如果对施工过程和定额一般了解，根据施工图按分部工程和分项工程的顺序，逐个按照定额子目的编号顺序查找列出定额子目。若施工图中有该内容，则按照定额子目名称列出；若施工图中无该内容，则不列。

2）如果对施工过程和定额相当熟悉，根据施工图按照整个工程施工过程对应列出发生的定额子目，即从工程开工到工程竣工，每发生一定施工内容对应列出一个定额子目。

（3）特殊情况下列定额子目的方法 包括以下两种情况：

1）如果施工图中设计的内容与定额子目内容不一致，在定额规定允许的情况下，应列出一个调整子目的名称。在这种情况下，在调整的定额子目编号前应加一个"换"字。

2）如果施工图中设计的内容在定额上根本就没有相关的类似子目，可按当地颁发的有关补充定额来列子目。若当地也无该补充定额，则应按照造价管理部门有关规定制定补充定额，并需经业主、承包商双方认可和管理部门批准。在这种情况下，在该定额子目编号前应加一个"补"字。

确定了分部分项定额子目名称，并检查无误后，便可以此为主线进行相关工程量的计算。

在熟悉施工图的基础上，列出全部所需编制的预算工程项目，并根据预算定额或单位估价表将设计中有关定额上没有的项目单独列出来，以便编制补充定额或采用实物造价法进行计算。

6. 计算工程量

工程量是以规定的计量单位（自然计量单位或法定计量单位）所表示的各分项工程或结构件的数量，是编制预算的原始数据。

在建筑装饰工程中，有些项目采用自然计量单位，例如，淋浴隔断以"间"为单位；而有些则是采用法定计量单位，例如，楼梯栏杆扶手等以"m"为单位，墙面、地面、柱面、天棚和铝合金工程等以"m^2"为单位。

7. 工程量汇总

各分项工程量计算完毕并经仔细复核无误后，应根据概（预）算定额手册或单位估价表的内容、计量单位的要求，按分部分项工程的顺序逐项汇总、整理，以防止工程量计算时对分项工程的遗漏或重复，为套用预算定额或单位估价表提供良好条件。

8. 套用预算定额或单位估价表

根据所列计算项目和汇总整理后的工程量，就可以进行套用预算定额或单位估价表的工作，即汇总后求得直接费。

9. 计算各项费用

定额直接费求出后，按有关的费用定额即可进行其他直接费、间接费、其他费用和税金等的计算。

10. 比较分析

各项费用计算结束，即形成了装饰工程预算造价。此时，还必须与设计总概算中装饰工程概算部分进行比较，如果前者没有突破后者，则进行下一步；否则，要查找原因，纠正错误，保证预算造价在装饰工程概算投资额内。因工程需要的改变而突破总投资所规定的百分比，必须向有关部门重新申报。

11. 工料分析

12. 编制装饰工程施工预算书

根据上述有关项目求得相应的技术经济指标后，就要编制装饰工程（概）预算书，一般包括以下几个步骤：

（1）编写装饰工程预算书封面（图1-1）

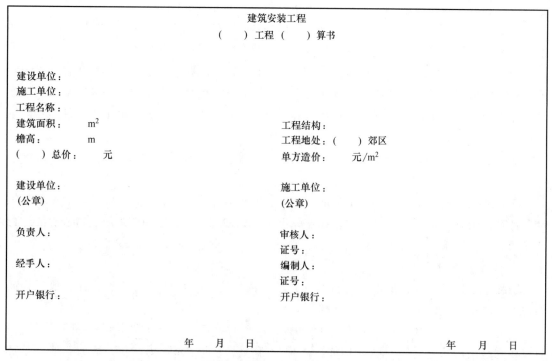

图 1-1　装饰工程预算书封面

（2）编制工程预算汇总表

（3）编写编制说明　主要包括工程概况、编制依据和其他有关说明等。

（4）编制工程预算表　将装饰工程概预算书封面、工程预算汇总表、编制说明、工程预算表格和工程量计算表等按顺序装订成册，即形成了完整的装饰工程施工预算书。

1.3　装饰装修工程预算的审查

1.3.1　建筑装饰工程预算审查方法

1. 全面审查法

全面审查法就是根据实际工程的施工图、施工组织设计或施工方案、工程承包合同或招标文件，结合现行定额或参照有关定额以及相关市场价格信息等，全面审查工程造价的工程量、定额单价以及工程费用计算等。对于传统预算的全面审查，其过程是一个完整的预算过程；对于工程量清单计价的全面审查，则是一个计量与计价分别的审查，或者说是一种虚拟全程审查。全面审查相当于将预算再编制一遍，其具体计算方法和审查过程与编制预算大致相同。

全面审查法的优点是全面细致，审查质量高且效果好，一般来讲经审查的工程预算差错比较少；其缺点是工作量大，耗费时间长。其适用的对象主要是工程量比较小、工艺比较简单的工程及编制预算的技术力量比较薄弱的工程预算。

2. 重点审查法

重点审查法就是抓住工程预算中的重点进行审查的方法。审查的重点一般有：

1) 工程量大或费用高的分项（子项）工程的工程量。

2) 工程量大或费用高的分项（子项）工程的定额单价。

3) 换算定额单价。

4) 补充定额单价。

5) 各项费用的计取。

6) 材料价差。

7) 其他。

对于工程量清单计价，业主编制工程量清单时重点审核工程量大或造价较高、工程结构复杂的工程的工程量等内容，以及在投标后重点审查重要的综合单价、措施费、总价等内容；承包商重点审查工程量大或造价较高、工程结构复杂的工程的综合单价及工程量、各项措施费用及总价等内容。在合作的全过程，双方对所有这些重点内容都要进行各自审查。

重点审查法的优点是重点突出，审查时间短，效果较好；其缺点是只能发现重点项目的差错，而不能发现工程量较小或费用较低项目的差错，预算差错不可能全部纠正。

3. 分组计算审查法

分组计算审查法就是把预算中的项目分为若干组，将相邻且有一定内在联系的项目编为一组，审查或计算同一组中某个分项工程量，利用工程量间具有相同或相似计算基础的关系，可以判断同组中其他几个分项工程量计算是否准确的一种审查方法。例如，在建筑装饰装修工程预算中，将楼地面装饰与天棚装饰分为一组。天棚与楼地面的工程量在一般情况下基本上是相同的，主要为主墙间净面积，所以只需计算一个工程量。如果天棚和楼地面做法有特殊要求，则应进行相应调整。

4. 对比审查法

对比审查法是指用已建成工程的预决算或未建成但已经审查修正过的预算对比审查拟建的类似工程预算的一种审查方法。

5. 标准预算审查法

标准预算审查法是指对于利用标准图或通用图施工的工程，先编制一定的标准预算，然后以其为标准审查预算的一种方法。

工程预算造价审查的方法多种多样，我们可以根据工程实际情况选择其中一种，也可以同时选用几种综合使用。

1.3.2　建筑装饰工程预算审查的意义

由于建筑装饰材料品种繁多，装饰技术日益更新，装饰类型各具特色，装饰工程预算影响因素较多，因此，为了合理确定装饰工程造价，保证建设单位、施工单位的合法经济利益，必须加强装饰工程预算的审查。

合理而又准确地对装饰工程造价进行审查，不仅有利于正确确定装饰工程造价，同时也为加强装饰企业经济核算和财务管理提供依据，合理审查装饰工程预算还有利于新材料、新工艺、新技术的推广和应用。

总体来讲，建筑装饰工程预算审查的意义可以概括为以下几点：

1）有利于控制工程造价，克服和防止预算超概算。

2）有利于加强固定资产管理，节约建设资金。

3）有利于施工承包合同的合理确定，相对于招投标工程，工程预算是编制标底和标书的依据。

4）有利于积累和分析各项经济技术指标，不断提高设计水平，积累各单价资料。

1.3.3 建筑装饰工程预算审查的依据

1）国家或省（市）颁发的现行定额或补充定额以及费用定额。

2）现行的地区材料预算价格、本地区工资标准及机械台班费用标准。

3）现行的地区单位估价表或汇总表。

4）装饰装修施工图。

5）有关该工程的调查资料。

6）建设方与施工方签订的合同或协议书以及招标文件。

7）工程资料，如施工组织设计等文件资料。

1.3.4 建筑装饰工程预算审查的形式

1. 会审

会审是由建设单位、设计单位、施工单位各派代表一起审核，这种审核发现问题比较全面，又能及时交换意见，因此审核的进度快、质量高，多用于重要项目的审核。

2. 单审

单审是由审计部门或主管工程造价工作的部门单独审核。这些部门单独审核后，各自提出修改意见，通知有关单位协商解决。

3. 建设单位审核

建设单位具备审核工程造价条件时，可以自行审核，对审核后提出的问题，同工程造价的编制单位协商解决。

4. 委托审核

随着造价师工作的开展，工程造价咨询机构应运而生，建设单位可以委托这些专门机构进行审核。

1.3.5 建筑装饰工程预算审查的内容

1. 审查施工图预算和报价中分部分项工程子目的划分

能否正确地划分工程预算分项，是能否正确反映作业内容和劳动价值的重要依据。因此，对工程预算的分部分项子目应该认真进行核查。首先，要看所列子目内容是否与定额所列子目内容一致，是否与工程实际相符等。有些定额没有，但工程实际发生并需要编制补充定额主项的项目（例如采用新材料、新工艺的项目）。

2. 审查工程量

（1）建筑面积计算　重点审查计算建筑面积所依据的尺寸、计算内容和方法是否符合建筑面积计算规则要求，要注意防止将不应计算的建筑面积纳入计算内容。

（2）装饰工程工程量清单　对于各部位的做法、工程量计算清单准确度、室内外装饰装修、地面天棚装饰装修等主要审查计量单位和计算范围。注意内墙抹灰工程量是否按墙面的净高与净宽计算，防止重算、漏算，如单裁口双层门窗框间的抹灰已包含在定额中，防止另立项目、重复计算。

（3）金属构件制作 金属构件制作工程量大多以"吨"为单位。在计算时，型钢按图示尺寸求出长度，再乘以每米的重量。钢板需先算出面积，再乘以每平方米的重量。

3. 审查预算和报价单价的套用

审查预算单价的套用是否正确也是审查预算工作重要内容之一。审查的主要内容一般有以下几项。

（1）审查选套的定额项目 在编制预算中，这部分比较容易出现工程项目的工作内容与所选套相应定额项目的工作内容不一致。例如，建筑工程的土方工程首先要区别土壤类别，然后选套与其相对应土壤类别的定额项目，要注意的是往往一、二、三类土项目错套四类土项目。

（2）审查套用定额的方法 此项要着重审查是否按相应分部工程说明所规定的方法，对定额项目的人工、材料和机械台班消耗量及基价进行调整。例如，先打桩后挖土应增加系数，以及含水率变化增加系数。

（3）审查定额换算 应审查所换算的分项工程项目是否符合换算条件，应进行换算的换算方法是否符合定额规定。注意应换算项目中是否有因换算后其基价低于原定额项目基价而没进行换算，还要注意规定不允许换算的项目是否进行了换算等。

（4）审查补充定额项目 在工程预算和报价的编制中，通常有些分项工程的定额项目未列入现行预算定额中，需要编制相应项目。要审查补充定额的编制是否符合编制原则。

1.3.6 建筑装饰工程预算审查的质量控制

1. 审查中常见的问题及原因

（1）分项子目列错 分项子目列错有重项或漏项两种情况。

重项是将同一工作内容的子目分成两个子目列出。例如，将面砖水泥砂浆粘贴列成水泥砂浆抹灰和贴面砖两个子目，消耗量定额中规定面砖水泥砂浆粘贴已包括水泥砂浆抹灰。造成重项的原因是：没有看清该分项子目的工作内容；对该分项子目的构造做法不清楚；对消耗量定额中分项子目的划分不了解等。

漏项是该列上的分项子目没有被列上，遗忘了。造成漏项的主要原因是：没有看清楚施工图；列分项子目时心急忙乱；对消耗量定额中分项子目的划分不了解等。

（2）工程量算错 工程量算错有计算公式用错和计算操作错误两种情况。

计算公式用错是指运用面积、体积等计算公式错误，导致计算结果错误。造成计算公式用错的主要原因是：计算公式不熟悉；没有遵循工程量计算规则。

计算操作错误是计算器操作不慎，造成计算结果出差错。造成计算操作错误的主要原因是：操作计算器时慌张，思想不集中。

（3）定额套错 定额套错是指该分项子目没有按消耗量定额中的规定套用。造成定额套错的主要原因是：没有看清消耗量定额中分项子目的划分规定；对该分项子目的构造做法尚不清楚；没有进行必要的定额换算。

（4）费率取错 费率取错是指计算技术措施费、其他措施费、利润、税金时各项费率取错，以致这些费用算错。造成费率取错的主要原因是；没有看清各项费率的取用规定；各项费用的计算基础用错；计算操作上失误。

2. 控制和提高审查质量的措施

（1）审查单位应注意装饰预算信息资料的收集　由于装饰材料日新月异，新技术、新工艺不断涌现，因此，应不断收集、整理新的材料价格信息、新的施工工艺的用工和用料量，以适应装饰市场的发展要求，不断提高装饰预算审查的质量。

（2）建立健全审查管理制度

1）健全各项审查制度。包括：建立单审和会审的登记制度；建立审查过程中的工程量计算、定额单价及各项取费标准等依据留存制度；建立审查过程中核增、核减等台账填写与留存制度；建立装饰工程审查人、复查人审查责任制度；确定各项考核指标，考核审查工作的准确性。

2）应用计算机建立审查档案。建立装饰预算审查信息系统，可以加快审查速度，提高审查质量。系统可包括：工程项目、审查依据、审查程序、补充单价、造价等子系统。

（3）实事求是，以理服人　审查时遇到列项或计算中的争议问题，可主动沟通，了解实际情况，及时解决；遇到疑难问题不能取得一致意见时，可请示造价管理部门或其他有权部门调解、仲裁等。

1.3.7　建筑装饰工程预算审查程序

1. 准备工作

1）熟悉送审预算件和承包、发包合同。

2）收集并熟悉有关设计资料，核对与工程预算有关的图纸和标准图。

3）了解施工现场实际情况，熟悉施工组织设计或技术措施方案，掌握其与编制预算有关的设计变更、现场签证等情况。

4）熟悉送审工程预算所依据的预算定额、费用标准和有关文件。

2. 审查计算

首先确定审查方法，然后按确定的审查方法进行具体审查计算：

1）核对工程量，根据定额规定的工程量计算规则进行核对。

2）核对选套的定额项目。

3）核对定额直接费汇总。

4）核对其他直接费计算。

5）核对间接费、计划利润、其他费用和税金计取。

在审查计算过程中，将审查出的问题做出详细明确的记录。

3. 审查单位与工程预算编制单位交换审查意见

将审查记录中的疑点、错误、重复计算和遗漏项目等问题与编制单位和建设单位交换意见，做进一步的核对，以便正确调整预算项目和费用。

4. 审查定案

根据交换意见确定的结果，将更正后的项目进行计算并汇总，填制工程预算审查调整表，见表 1-1 和表 1-2。由编制单位责任人签字加盖公章，审查责任人签字并加盖审查单位公章。至此，工程预算审查定案。

表 1-1　分项工程定额直接费调整表

序号	装饰分部工程名称	原预算					调整后预算					核减金额	核增金额
		定额编号	单位	工程量	直接费/元	人工费/元	定额编号	单位	工程量	直接费/元	人工费/元		

编制单位：（章）　　　　编制人：　　　　审查单位：（章）　　　　审核人：

表 1-2　工程预算费用调整表

序号	费用名称	原预算			调整后预算			核减金额	核增金额
		费率	计算基础	金额/元	费率	计算基础	金额/元		

编制单位：（章）　　　　编制人：　　　　审查单位：（章）　　　　审核人：

第2章　装饰装修工程清单计价体系

2.1　装饰装修工程工程量清单的编制

2.1.1　一般规定

1）招标工程量清单应由具有编制能力的招标人或受其委托、具有相应资质的工程造价咨询人编制。

2）招标工程量清单必须作为招标文件的组成部分，其准确性和完整性应由招标人负责。

3）招标工程量清单是工程量清单计价的基础，应作为编制招标控制价、投标报价、计算或调整工程量、索赔等的依据之一。

4）招标工程量清单应以单位（项）工程为单位编制，应由分部分项工程项目清单、措施项目清单、其他项目清单、规费和税金项目清单组成。

5）编制招标工程量清单应依据：

①《建设工程工程量清单计价规范》（GB 50500—2013）和相关工程的国家计量规范。

② 国家或省级、行业建设主管部门颁发的计价定额和办法。

③ 建设工程设计文件及相关资料。

④ 与建设工程有关的标准、规范、技术资料。

⑤ 拟定的招标文件。

⑥ 施工现场情况、地勘水文资料、工程特点及常规施工方案。

⑦ 其他相关资料。

2.1.2　分部分项工程项目

1）分部分项工程项目清单必须载明项目编码、项目名称、项目特征、计量单位和工程量。

2）分部分项工程项目清单必须根据相关工程现行国家计量规范规定的项目编码、项目名称、项目特征、计量单位和工程量计算规则进行编制。

2.1.3　措施项目

1）措施项目清单必须根据相关工程现行国家计量规范的规定编制。

2）措施项目清单应根据拟建工程的实际情况列项。

2.1.4　其他项目

1）其他项目清单应按照下列内容列项：

① 暂列金额。

② 暂估价，包括材料暂估单价、工程设备暂估单价、专业工程暂估价。

③ 计日工。

④ 总承包服务费。

2）暂列金额应根据工程特点按有关计价规定估算。

3）暂估价中的材料、工程设备暂估单价应根据工程造价信息或参照市场价格估算，列出明细表；专业工程暂估价应分不同专业，按有关计价规定估算，列出明细表。

4）计日工应列出项目名称、计量单位和暂估数量。

5）总承包服务费应列出服务项目及其内容等。

6）出现第1）条未列的项目，应根据工程实际情况补充。

2.1.5　规费

1）规费项目清单应按照下列内容列项：

① 社会保险费：包括养老保险费、失业保险费、医疗保险费、工伤保险费、生育保险费。

② 住房公积金。

③ 工程排污费。

2）出现第1）条未列的项目，应根据省级政府或省级有关部门的规定列项。

2.1.6　税金

1）税金项目清单应包括下列内容：

① 营业税。

② 城市维护建设税。

③ 教育费附加。

④ 地方教育附加。

2）出现第1）条未列的项目，应根据税务部门的规定列项。

2.2　装饰装修工程工程量清单计价的编制

2.2.1　一般规定

1. 计价方式

1）使用国有资金投资的建设工程发承包，必须采用工程量清单计价。

2）非国有资金投资的建设工程，宜采用工程量清单计价。

3）不采用工程量清单计价的建设工程，应执行《建设工程工程量清单计价规范》（GB

50500—2013）除工程量清单等专门性规定外的其他规定。

4）工程量清单应采用综合单价计价。

5）措施项目中的安全文明施工费必须按国家或省级、行业建设主管部门的规定计算，不得作为竞争性费用。

6）规费和税金必须按国家或省级、行业建设主管部门的规定计算，不得作为竞争性费用。

2. 发包人提供材料和工程设备

1）发包人提供的材料和工程设备（以下简称甲供材料）应在招标文件中按照规定填写《发包人提供材料和工程设备一览表》，写明甲供材料的名称、规格、数量、单价、交货方式、交货地点等。承包人投标时，甲供材料单价应计入相应项目的综合单价中，签约后，发包人应按合同约定扣除甲供材料款，不予支付。

2）承包人应根据合同工程进度计划的安排，向发包人提交甲供材料交货的日期计划。发包人应按计划提供。

3）发包人提供的甲供材料如规格、数量或质量不符合合同要求，或由于发包人原因发生交货日期延误、交货地点及交货方式变更等情况的，发包人应承担由此增加的费用和（或）工期延误，并应向承包人支付合理利润。

4）发承包双方对甲供材料的数量发生争议不能达成一致的，应按照相关工程的计价定额同类项目规定的材料消耗量计算。

5）若发包人要求承包人采购已在招标文件中确定为甲供材料的，材料价格应由发承包双方根据市场调查确定，并应另行签订补充协议。

3. 承包人提供材料和工程设备

1）除合同约定的发包人提供的甲供材料外，合同工程所需的材料和工程设备应由承包人提供，承包人提供的材料和工程设备均应由承包人负责采购、运输和保管。

2）承包人应按合同约定将采购材料和工程设备的供货人及品种、规格、数量和供货时间等提交发包人确认，并负责提供材料和工程设备的质量证明文件，满足合同约定的质量标准。

3）对承包人提供的材料和工程设备经检测不符合合同约定的质量标准，发包人应立即要求承包人更换，由此增加的费用和（或）工期延误应由承包人承担。对发包人要求检测承包人已具有合格证明的材料、工程设备，但经检测证明该项材料、工程设备符合合同约定的质量标准，发包人应承担由此增加的费用和（或）工期延误，并向承包人支付合理利润。

4. 计价风险

1）建设工程发承包必须在招标文件、合同中明确计价中的风险内容及其范围。不得采用无限风险、所有风险或类似语句规定计价中的风险内容及范围。

2）由于下列因素出现，影响合同价款调整的，应由发包人承担：

① 国家法律、法规、规章和政策发生变化。

② 省级或行业建设主管部门发布的人工费调整，但承包人对人工费或人工单价的报价高于发布的除外。

③ 由政府定价或政府指导价管理的原材料等价格进行了调整。

3）由于市场物价波动影响合同价款的，应由发承包双方合理分摊，填写《承包人提供主要材料和工程设备一览表》作为合同附件；当合同中没有约定，发承包双方发生争议时，应按本节"2.2.6 合同价款调整"中"8. 物价变化"的规定调整合同价款。

4）由于承包人使用机械设备、施工技术以及组织管理水平等自身原因造成施工费用增加的，应由承包人全部承担。

5）当不可抗力发生，影响合同价款时，应按本节"2.2.6 合同价款调整"中"10. 不可抗力"的规定执行。

2.2.2　招标控制价

1. 一般规定

1）国有资金投资的建设工程招标，招标人必须编制招标控制价。

我国对国有资金投资项目的投资控制实行的是投资概算审批制度，国有资金投资的工程原则上不能超过批准的投资概算。

国有资金投资的工程实行工程量清单招标，为了客观、合理地评审投标报价和避免哄抬标价，避免造成国有资产流失，招标人必须编制招标控制价，规定最高投标限价。

2）招标控制价应由具有编制能力的招标人或受其委托具有相应资质的工程造价咨询人编制和复核。

3）工程造价咨询人接受招标人委托编制招标控制价，不得再就同一工程接受投标人委托编制投标报价。

4）招标控制价应按照下述"2. 编制与复核"中1）规定编制，不应上调或下浮。

5）当招标控制价超过批准的概算时，招标人应将其报原概算审批部门审核。

6）招标人应在发布招标文件时公布招标控制价，同时应将招标控制价及有关资料报送工程所在地或有该工程管辖权的行业管理部门工程造价管理机构备查。

招标控制价的作用决定了招标控制价不同于标底，无须保密。为体现招标的公平、公正性，防止招标人有意抬高或压低工程造价，招标人应在招标文件中如实公布招标控制价，同时，招标人应将招标控制价报工程所在地或有该工程管辖权的行业管理部门的工程造价管理机构备查。

2. 编制与复核

1）招标控制价应根据下列依据编制与复核：

①《建设工程工程量清单计价规范》（GB 50500—2013）。

② 国家或省级、行业建设主管部门颁发的计价定额和计价办法。

③ 建设工程设计文件及相关资料。

④ 拟定的招标文件及招标工程量清单。

⑤ 与建设项目相关的标准、规范、技术资料。

⑥ 施工现场情况、工程特点及常规施工方案。

⑦ 工程造价管理机构发布的工程造价信息，当工程造价信息没有发布时，参照市场价。

⑧ 其他的相关资料。

2）综合单价中应包括招标文件中划分的应由投标人承担的风险范围及其费用。招标文件中没有明确的，如是工程造价咨询人编制，应提请招标人明确；如是招标人编制，应予明确。

3）分部分项工程和措施项目中的单价项目，应根据拟定的招标文件和招标工程量清单项目中的特征描述及有关要求确定综合单价计算。

4）措施项目中的总价项目应根据拟定的招标文件和常规施工方案按本节"2.2.1一般规定"中"1. 计价方式"的4）、5）的规定计价。

5）其他项目应按下列规定计价：

① 暂列金额应按招标工程量清单中列出的金额填写。

② 暂估价中的材料、工程设备单价应按招标工程量清单中列出的单价计入综合单价。

③ 暂估价中的专业工程金额应按招标工程量清单中列出的金额填写。

④ 计日工应按招标工程量清单中列出的项目根据工程特点和有关计价依据确定综合单价计算。

⑤ 总承包服务费应根据招标工程量清单列出的内容和要求估算。

6）规费和税金应按本节"2.2.1一般规定"中"1. 计价方式"的6）的规定计算。

3. 投诉与处理

1）投标人经复核认为招标人公布的招标控制价未按照《建设工程工程量清单计价规范》（GB 50500—2013）的规定进行编制的，应在招标控制价公布后5d内向招标投标监督机构和工程造价管理机构投诉。

2）投诉人投诉时，应当提交由单位盖章和法定代表人或其委托人签名或盖章的书面投诉书，投诉书应包括下列内容：

① 投诉人与被投诉人的名称、地址及有效联系方式。

② 投诉的招标工程名称、具体事项及理由。

③ 投诉依据及相关证明材料。

④ 相关的请求及主张。

3）投诉人不得进行虚假、恶意投诉，阻碍投标活动的正常进行。

4）工程造价管理机构在接到投诉书后应在2个工作日内进行审查，对有下列情况之一的，不予受理：

① 投诉人不是所投诉招标工程招标文件的收受人。

② 投诉书提交的时间不符合上述1）规定的；投诉书不符合上述2）规定的。

③ 投诉事项已进入行政复议或行政诉讼程序的。

5）工程造价管理机构应在不迟于结束审查的次日将是否受理投诉的决定书面通知投诉人、被投诉人以及负责该工程招标投标监督的招标投标管理机构。

6）工程造价管理机构受理投诉后，应立即对招标控制价进行复查，组织投诉人、被投诉人或其委托的招标控制价编制人等单位人员对投诉问题逐一核对。有关当事人应当予以配合，并应保证所提供资料的真实性。

7）工程造价管理机构应当在受理投诉的10d内完成复查，特殊情况下可适当延长，并作出书面结论通知投诉人、被投诉人及负责该工程招标投标监督的招标投标管理机构。

8）当招标控制价复查结论与原公布的招标控制价误差大于±3%时，应当责成招标人改正。

9）招标人根据招标控制价复查结论需要重新公布招标控制价的，其最终公布的时间至招标文件要求提交投标文件截止时间不足 15d 的，应相应延长投标文件的截止时间。

2.2.3　投标报价

1. 一般规定

1）投标价应由投标人或受其委托具有相应资质的工程造价咨询人编制。

2）投标人应依据下述"2. 编制与复核"的规定自主确定投标报价。

3）投标报价不得低于工程成本。

4）投标人必须按招标工程量清单填报价格。项目编码、项目名称、项目特征、计量单位、工程量必须与招标工程量清单一致。

5）投标人的投标报价高于招标控制价的应予废标。

2. 编制与复核

1）投标报价应根据下列依据编制和复核：

①《建设工程工程量清单计价规范》（GB 50500—2013）。

② 国家或省级、行业建设主管部门颁发的计价办法。

③ 企业定额，国家或省级、行业建设主管部门颁发的计价定额和计价办法。

④ 招标文件、招标工程量清单及其补充通知、答疑纪要。

⑤ 建设工程设计文件及相关资料。

⑥ 施工现场情况、工程特点及投标时拟定的施工组织设计或施工方案。

⑦ 建设项目相关的标准、规范等技术资料。

⑧ 市场价格信息或工程造价管理机构发布的工程造价信息。

⑨ 其他的相关资料。

2）综合单价中应包括招标文件中划分的应由投标人承担的风险范围及其费用，招标文件中没有明确的，应提请招标人明确。

3）分部分项工程和措施项目中的单价项目，应根据招标文件和招标工程量清单项目中的特征描述确定综合单价计算。

4）措施项目中的总价项目金额应根据招标文件和投标时拟定的施工组织设计或施工方案按本节"2.2.1 一般规定"中"1. 计价方式"4）的规定自主确定。其中安全文明施工费应按照本节"2.2.1 一般规定"中"1. 计价方式"5）的规定确定。

5）其他项目费应按下列规定报价：

① 暂列金额应按招标工程量清单中列出的金额填写。

② 材料、工程设备暂估价应按招标工程量清单中列出的单价计入综合单价。

③ 专业工程暂估价应按招标工程量清单中列出的金额填写。

④ 计日工应按招标工程量清单中列出的项目和数量，自主确定综合单价并计算计日工金额。

⑤ 总承包服务费应根据招标工程量清单中列出的内容和提出的要求自主确定。

6）规费和税金应按本节"2.2.1 一般规定"中"1. 计价方式"6）的规定确定。

7）招标工程量清单与计价表中列明的所有需要填写单价和合价的项目，投标人均应填写且只允许有一个报价。未填写单价和合价的项目，可视为此项费用已包含在已标价工程量清单中其他项目的单价和合价之中。当竣工结算时，此项目不得重新组价予以调整。

8）投标总价应当与分部分项工程费、措施项目费、其他项目费和规费、税金的合计金额一致。

2.2.4 合同价款约定

1. 一般规定

1）实行招标的工程合同价款应在中标通知书发出之日起 30d 内，由发承包双方依据招标文件和中标人的投标文件在书面合同中约定。

合同约定不得违背招标、投标文件中关于工期、造价、质量等方面的实质性内容。招标文件与中标人投标文件不一致的地方，应以投标文件为准。

2）不实行招标的工程合同价款，应在发承包双方认可的工程价款基础上，由发承包双方在合同中约定。

3）实行工程量清单计价的工程，应采用单价合同；建设规模较小、技术难度较低、工期较短且施工图设计已审查批准的建设工程可采用总价合同；紧急抢险、救灾以及施工技术特别复杂的建设工程可采用成本加酬金合同。

2. 约定内容

1）发承包双方应在合同条款中对下列事项进行约定：

① 预付工程款的数额、支付时间及抵扣方式。

② 安全文明施工措施的支付计划、使用要求等。

③ 工程计量与支付工程进度款的方式、数额及时间。

④ 工程价款的调整因素、方法、程序、支付及时间。

⑤ 施工索赔与现场签证的程序、金额确认与支付时间。

⑥ 承担计价风险的内容、范围以及超出约定内容、范围的调整办法。

⑦ 工程竣工价款结算编制与核对、支付及时间。

⑧ 工程质量保证金的数额、预留方式及时间。

⑨ 违约责任以及发生合同价款争议的解决方法及时间。

⑩ 与履行合同、支付价款有关的其他事项等。

2）合同中没有按照上述 1）的要求约定或约定不明的，若发承包双方在合同履行中发生争议由双方协商确定；当协商不能达成一致时，应按《建设工程工程量清单计价规范》（GB 50500—2013）的规定执行。

2.2.5 工程计量

1. 工程计量的依据

工程量计算除依据《房屋建筑与装饰工程工程量计算规范》（GB 50854—2013）各项规定外，尚应依据以下文件：

（1）经审定通过的施工设计图及其说明。

（2）经审定通过的施工组织设计或施工方案。

（3）经审定通过的其他有关技术经济文件。

2. 工程计量的执行

（1）一般规定

1）工程量必须按照相关工程现行国家计量规范规定的工程量计算规则计算。

2）工程计量可选择按月或按工程形象进度分段计量，具体计量周期应在合同中约定。

3）因承包人原因造成的超出合同工程范围施工或返工的工程量，发包人不予计量。

4）成本加酬金合同应按下述"（2）单价合同的计量"的规定计量。

（2）单价合同的计量

1）工程量必须以承包人完成合同工程应予计量的工程量确定。

2）施工中进行工程计量，当发现招标工程量清单中出现缺项、工程量偏差，或因工程变更引起工程量增减时，应按承包人在履行合同义务中完成的工程量计算。

3）承包人应当按照合同约定的计量周期和时间向发包人提交当期已完工程量报告。发包人应在收到报告后7d内核实，并将核实计量结果通知承包人。发包人未在约定时间内进行核实的，承包人提交的计量报告中所列的工程量应视为承包人实际完成的工程量。

4）发包人认为需要进行现场计量核实时，应在计量前24h通知承包人，承包人应为计量提供便利条件并派人参加。当双方均同意核实结果时，双方应在上述记录上签字确认。承包人收到通知后不派人参加计量，视为认可发包人的计量核实结果。发包人不按照约定时间通知承包人，致使承包人未能派人参加计量，计量核实结果无效。

5）当承包人认为发包人核实后的计量结果有误时，应在收到计量结果通知后的7d内向发包人提出书面意见，并应附上其认为正确的计量结果和详细的计算资料。发包人收到书面意见后，应在7d内对承包人的计量结果进行复核后通知承包人。承包人对复核计量结果仍有异议的，按照合同约定的争议解决办法处理。

6）承包人完成已标价工程量清单中每个项目的工程量并经发包人核实无误后，发承包双方应对每个项目的历次计量报表进行汇总，以核实最终结算工程量，并应在汇总表上签字确认。

（3）总价合同的计量

1）采用工程量清单方式招标形成的总价合同，其工程量应按照上述"（2）单价合同的计量"的规定计算。

2）采用经审定批准的施工图及其预算方式发包形成的总价合同，除按照工程变更规定的工程量增减外，总价合同各项目的工程量应为承包人用于结算的最终工程量。

3）总价合同约定的项目计量应以合同工程经审定批准的施工图为依据，发承包双方应在合同中约定工程计量的形象目标或时间节点进行计量。

4）承包人应在合同约定的每个计量周期内对已完成的工程进行计量，并向发包人提交达到工程形象目标完成的工程量和有关计量资料的报告。

5）发包人应在收到报告后7d内对承包人提交的上述资料进行复核，以确定实际完成的工程量和工程形象目标。对其有异议的，应通知承包人进行共同复核。

3. 计量单位与有效数字

1）有两个或两个以上计量单位的，应结合拟建工程项目的实际情况，确定其中一个为计量单位。同一工程项目的计量单位应一致。

2）工程计量时每一项目汇总的有效位数应遵守下列规定：

① 以"t"为单位，应保留小数点后三位数字，第四位小数四舍五入。

② 以"m""m²""m³""kg"为单位，应保留小数点后两位数字，第三位小数四舍五入。

③ 以"个""件""根""组""系统"为单位，应取整数。

4. 计量项目要求

1）工程量清单项目仅列出了主要工作内容，除另有规定和说明外，应视为已经包括完成该项目所列或未列的全部工作内容。

2）房屋建筑工程涉及电气、给水排水、消防等安装工程的项目，按照现行国家标准《通用安装工程工程量计算规范》（GB 50856—2013）的相应项目执行；涉及仿古建筑工程的项目，按现行国家标准《仿古建筑工程工程量计算规范》（GB 50855—2013）的相应项目执行；涉及室外地（路）面、室外给水排水等工程的项目，按现行国家标准《市政工程工程量计算规范》（GB 50857—2013）的相应项目执行；采用爆破法施工的石方工程按照现行国家标准《爆破工程工程量计算规范》（GB 50862—2013）的相应项目执行。

2.2.6 合同价款调整

1. 一般规定

1）下列事项（但不限于）发生，发承包双方应当按照合同约定调整合同价款：

① 法律法规变化。

② 工程变更。

③ 项目特征不符。

④ 工程量清单缺项。

⑤ 工程量偏差。

⑥ 计日工。

⑦ 物价变化。

⑧ 暂估价。

⑨ 不可抗力。

⑩ 提前竣工（赶工补偿）。

⑪ 误期赔偿。

⑫ 索赔。

⑬ 现场签证。

⑭ 暂列金额。

⑮ 发承包双方约定的其他调整事项。

2）出现合同价款调增事项（不含工程量偏差、计日工、现场签证、索赔）后的14d内，承包人应向发包人提交合同价款调增报告并附上相关资料；承包人在14d内未提交合同价款调增报告的，应视为承包人对该事项不存在调整价款请求。

3）出现合同价款调减事项（不含工程量偏差、索赔）后的14d内，发包人应向承包人提交合同价款调减报告并附相关资料；发包人在14d内未提交合同价款调减报告的，应视为发包人对该事项不存在调整价款请求。

4）发（承）包人应在收到承（发）包人合同价款调增（减）报告及相关资料之日起

14d 内对其核实，予以确认的应书面通知承（发）包人。当有疑问时，应向承（发）包人提出协商意见。发（承）包人在收到合同价款调增（减）报告之日起 14d 内未确认也未提出协商意见的，应视为承（发）包人提交的合同价款调增（减）报告已被发（承）包人认可。发（承）包人提出协商意见的，承（发）包人应在收到协商意见后的 14d 内对其核实，予以确认的应书面通知发（承）包人。承（发）包人在收到发（承）包人的协商意见后 14d 内既不确认也未提出不同意见的，应视为发（承）包人提出的意见已被承（发）包人认可。

5）发包人与承包人对合同价款调整的不同意见不能达成一致的，只要对发承包双方履约不产生实质影响，双方应继续履行合同义务，直到其按照合同约定的争议解决方式得到处理。

6）经发承包双方确认调整的合同价款，作为追加（减）合同价款，应与工程进度款或结算款同期支付。

2. 法律法规变化

1）招标工程以投标截止日前 28d、非招标工程以合同签订前 28d 为基准日，其后因国家的法律、法规、规章和政策发生变化引起工程造价增减变化的，发承包双方应按照省级或行业建设主管部门或其授权的工程造价管理机构据此发布的规定调整合同价款。

2）因承包人原因导致工期延误的，按 1）规定的调整时间，在合同工程原定竣工时间之后，合同价款调增的不予调整，合同价款调减的予以调整。

3. 工程变更

1）因工程变更引起已标价工程量清单项目或其工程数量发生变化时，应按照下列规定调整：

① 已标价工程量清单中有适用于变更工程项目的，应采用该项目的单价；但当工程变更导致该清单项目的工程数量发生变化，且工程量偏差超过 15% 时，该项目单价应按照下述"6. 工程量偏差"的规定调整。

② 已标价工程量清单中没有适用但有类似于变更工程项目的，可在合理范围内参照类似项目的单价。

③ 已标价工程量清单中没有适用也没有类似于变更工程项目的，应由承包人根据变更工程资料、计量规则和计价办法、工程造价管理机构发布的信息价和承包人报价浮动率提出变更工程项目的单价，并应报发包人确认后调整。承包人报价浮动率可按下列公式计算：

招标工程，即

$$承包人报价浮动率\ L = (1 - 中标价/招标控制价) \times 100\% \tag{2-1}$$

非招标工程，即

$$承包人报价浮动率\ L = (1 - 报价/施工图预算) \times 100\% \tag{2-2}$$

④ 已标价工程量清单中没有适用也没有类似于变更工程项目，且工程造价管理机构发布的信息价缺价的，应由承包人根据变更工程资料、计量规则、计价办法和通过市场调查等取得有合法依据的市场价格提出变更工程项目的单价，并应报发包人确认后调整。

2）工程变更引起施工方案改变并使措施项目发生变化时，承包人提出调整措施项目费的，应事先将拟实施的方案提交发包人确认，并应详细说明与原方案措施项目相比的变化情况。拟实施的方案经发承包双方确认后执行，并应按照下列规定调整措施项目费：

① 安全文明施工费应按照实际发生变化的措施项目依据本节"2.2.1 一般规定"中"1. 计价方式"中 5) 的规定计算。

② 采用单价计算的措施项目费，应按照实际发生变化的措施项目，按 1) 的规定确定单价。

③ 按总价（或系数）计算的措施项目费，按照实际发生变化的措施项目调整，但应考虑承包人报价浮动因素，即调整金额按照实际调整金额乘以 1) 规定的承包人报价浮动率计算。

如果承包人未事先将拟实施的方案提交给发包人确认，则应视为工程变更不引起措施项目费的调整或承包人放弃调整措施项目费的权利。

3) 当发包人提出的工程变更因非承包人原因删减了合同中的某项原定工作或工程，致使承包人发生的费用或（和）得到的收益不能被包括在其他已支付或应支付的项目中，也未被包含在任何替代的工作或工程中时，承包人有权提出并应得到合理的费用及利润补偿。

4. 项目特征描述不符

1) 发包人在招标工程量清单中对项目特征的描述，应被认为是准确的和全面的，并且与实际施工要求相符合。承包人应按照发包人提供的招标工程量清单，根据项目特征描述的内容及有关要求实施合同工程，直到项目被改变为止。

2) 承包人应按照发包人提供的设计图纸实施合同工程，若在合同履行期间出现设计图（含设计变更）与招标工程量清单任一项目的特征描述不符，且该变化引起该项目工程造价增减变化的，应按照实际施工的项目特征，按上述"3. 工程变更"的相关条款的规定重新确定相应工程量清单项目的综合单价，并调整合同价款。

5. 工程量清单缺项

1) 合同履行期间，由于招标工程量清单中缺项，新增分部分项工程清单项目的，应按照上述"3. 工程变更"中 1) 的规定确定单价，并调整合同价款。

2) 新增分部分项工程清单项目后，引起措施项目发生变化的，应按照上述"3. 工程变更"中 2) 的规定，在承包人提交的实施方案被发包人批准后调整合同价款。

3) 由于招标工程量清单中措施项目缺项，承包人应将新增措施项目实施方案提交发包人批准后，按照上述"3. 工程变更"中 1)、2) 的规定调整合同价款。

6. 工程量偏差

1) 合同履行期间，当应予计算的实际工程量与招标工程量清单出现偏差，且符合 2)、3) 规定时，发承包双方应调整合同价款。

2) 对于任一招标工程量清单项目，当因"工程量偏差"规定的工程量偏差和"工程变更"规定的工程变更等原因导致工程量偏差超过 15% 时，可进行调整。当工程量增加 15% 以上时，增加部分的工程量的综合单价应予调低；当工程量减少 15% 以上时，减少后剩余部分的工程量的综合单价应予调高。

上述调整参考如下公式：

① 当 $Q_1 > 1.15Q_0$ 时

$$S = 1.15Q_0 \times P_0 + (Q_1 - 1.15Q_0) \times P_1 \tag{2-3}$$

② 当 $Q_1 < 0.85Q_0$ 时

$$S = Q_1 \times P_1 \tag{2-4}$$

式中　S——调整后的某一分部分项工程费结算价；

　　Q_1——最终完成的工程量；

　　Q_0——招标工程量清单中列出的工程量；

　　P_1——按照最终完成工程量重新调整后的综合单价；

　　P_0——承包人在工程量清单中填报的综合单价。

采用上述两式的关键是确定新的综合单价，即 P_1。确定的方法，一是发承包双方协商确定，二是与招标控制价相联系，当工程量偏差项目出现承包人在工程量清单中填报的综合单价与发包人招标控制价相应清单项目的综合单价偏差超过 15% 时，工程量偏差项目综合单价的调整可参考以下公式：

③ 当 $P_0 < P_2 \times (1-L) \times (1-15\%)$ 时，该类项目的综合单价

$$P_1 \text{ 按照 } P_2 \times (1-L) \times (1-15\%) \text{ 调整} \tag{2-5}$$

④ 当 $P_0 > P_2 \times (1+15\%)$ 时，该类项目的综合单价

$$P_1 \text{ 按照 } P_2 \times (1+15\%) \text{ 调整} \tag{2-6}$$

式中　P_0——承包人在工程量清单中填报的综合单价；

　　P_2——发包人招标控制价相应项目的综合单价；

　　L——承包人报价浮动率。

3）当工程量出现 2）的变化，且该变化引起相关措施项目相应发生变化时，按系数或单一总价方式计价的，工程量增加的措施项目费调增，工程量减少的措施项目费调减。

7. 计日工

1）发包人通知承包人以计日工方式实施的零星工作，承包人应予执行。

2）采用计日工计价的任何一项变更工作，在该项变更的实施过程中，承包人应按合同约定提交下列报表和有关凭证送发包人复核：

① 工作名称、内容和数量。

② 投入该工作所有人员的姓名、工种、级别和耗用工时。

③ 投入该工作的材料名称、类别和数量。

④ 投入该工作的施工设备型号、台数和耗用台时。

⑤ 发包人要求提交的其他资料和凭证。

3）任一计日工项目持续进行时，承包人应在该项工作实施结束后的 24h 内向发包人提交有计日工记录汇总的现场签证报告一式三份。发包人在收到承包人提交现场签证报告后的 2d 内予以确认并将其中一份返还给承包人，作为计日工计价和支付的依据。发包人逾期未确认也未提出修改意见的，应视为承包人提交的现场签证报告已被发包人认可。

4）任一计日工项目实施结束后，承包人应按照确认的计日工现场签证报告核实该类项目的工程数量，并应根据核实的工程数量和承包人已标价工程量清单中的计日工单价计算，提出应付价款；已标价工程量清单中没有该类计日工单价的，由发承包双方按上述"3. 工程变更"的规定商定计日工单价计算。

5）每个支付期末，承包人应按照"进度款"的规定向发包人提交本期间所有计日工记录的签证汇总表，并应说明本期间自己认为有权得到的计日工金额，调整合同价款，列入进度款支付。

8. 物价变化

1）合同履行期间，因人工、材料、工程设备、机械台班价格波动影响合同价款时，应根据合同约定，按物价变化合同价款调整方法调整合同价款。物价变化合同价款调整方法主要有以下两种：

① 价格指数调整价格差额。

a. 价格调整公式。因人工、材料和工程设备、施工机械台班等价格波动影响合同价格时，根据招标人提供的"承包人提供主要材料和工程设备一览表（适用于价格指数差额调整法）"，并由投标人在投标函附录中的价格指数和权重表约定的数据，应按下式计算差额并调整合同价款，即

$$\Delta P = P_0 \left[A + \left(B_1 \times \frac{F_{t1}}{F_{01}} + B_2 \times \frac{F_{t2}}{F_{02}} + B_3 \times \frac{F_{t3}}{F_{03}} + \cdots + B_n \times \frac{F_{tn}}{F_{0n}} \right) - 1 \right] \tag{2-7}$$

式中
ΔP——需调整的价格差额；

P_0——约定的付款证书中承包人应得到的已完成工程量的金额。此项金额应不包括价格调整、不计质量保证金的扣留和支付、预付款的支付和扣回。约定的变更及其他金额已按现行价格计价的，也不计在内；

A——定值权重（即不调部分的权重）；

B_1，B_2，B_3，$\cdots$，B_n——各可调因子的变值权重（即可调部分的权重），为各可调因子在投标函投标总报价中所占的比例；

F_{t1}，F_{t2}，F_{t3}，$\cdots$，F_{tn}——各可调因子的现行价格指数，指约定的付款证书相关周期最后一天的前42d 的各可调因子的价格指数；

F_{01}，F_{02}，F_{03}，$\cdots$，F_{0n}——各可调因子的基本价格指数，指基准日期的各可调因子的价格指数。

以上价格调整公式中的各可调因子、定值和变值权重，以及基本价格指数及其来源在投标函附录价格指数和权重表中约定。价格指数应首先采用工程造价管理机构提供的价格指数，缺乏上述价格指数时，可采用工程造价管理机构提供的价格代替。

b. 暂时确定调整差额。在计算调整差额时得不到现行价格指数的，可暂用上一次价格指数计算，并在以后的付款中再按实际价格指数进行调整。

c. 权重的调整。约定的变更导致原定合同中的权重不合理时，由承包人和发包人协商后进行调整。

d. 承包人工期延误后的价格调整。由于承包人原因未在约定的工期内竣工的，对原约定竣工日期后继续施工的工程，在使用第①条的价格调整公式时，应采用原约定竣工日期与实际竣工日期的两个价格指数中较低的一个作为现行价格指数。

e. 若可调因子包括了人工在内，则不适用本节"2.2.1 一般规定"4. 中2）的②规定。

② 造价信息调整价格差额。

a. 施工期内，因人工、材料和工程设备、施工机械台班价格波动影响合同价格时，人工、机械使用费按照国家或省、自治区、直辖市建设行政管理部门、行业建设管理部门或其授权的工程造价管理机构发布的人工成本信息、机械台班单价或机械使用费系数进行调整；

需要进行价格调整的材料，其单价和采购数应由发包人复核，发包人确认需调整的材料单价及数量，作为调整合同价款差额的依据。

b. 人工单价发生变化且符合本节"2.2.1 一般规定"4. 中2）的②规定的条件时，发承包双方应按省级或行业建设主管部门或其授权的工程造价管理机构发布的人工成本文件调整合同价款。

c. 材料、工程设备价格变化按照发包人提供的《承包人提供主要材料和工程设备一览表（适用于造价信息差额调整法）》，由发承包双方约定的风险范围按下列规定调整合同价款：

a）承包人投标报价中材料单价低于基准单价：施工期间材料单价涨幅以基准单价为基础超过合同约定的风险幅度值，或材料单价跌幅以投标报价为基础超过合同约定的风险幅度值时，其超过部分按实调整。

b）承包人投标报价中材料单价高于基准单价：施工期间材料单价跌幅以基准单价为基础超过合同约定的风险幅度值，或材料单价涨幅以投标报价为基础超过合同约定的风险幅度值时，其超过部分按实调整。

c）承包人投标报价中材料单价等于基准单价：施工期间材料单价涨、跌幅以基准单价为基础超过合同约定的风险幅度值时，其超过部分按实调整。

d）承包人应在采购材料前将采购数量和新的材料单价报送发包人核对，确认用于本合同工程时，发包人应确认采购材料的数量和单价。发包人在收到承包人报送的确认资料后3个工作日不予答复的视为已经认可，作为调整合同价款的依据。如果承包人未报经发包人核对即自行采购材料，再报发包人确认调整合同价款的，如发包人不同意，则不作调整。

d. 施工机械台班单价或施工机械使用费发生变化超过省级或行业建设主管部门或其授权的工程造价管理机构规定的范围时，按其规定调整合同价款。

2）承包人采购材料和工程设备的，应在合同中约定主要材料、工程设备价格变化的范围或幅度；当没有约定且材料、工程设备单价变化超过5%时，超过部分的价格应按照以上两种物价变化合同价款调整方法计算调整材料、工程设备费。

3）发生合同工程工期延误的，应按照下列规定确定合同履行期的价格调整：

① 因非承包人原因导致工期延误的，计划进度日期后续工程的价格，应采用计划进度日期与实际进度日期两者的较高者。

② 因承包人原因导致工期延误的，计划进度日期后续工程的价格，应采用计划进度日期与实际进度日期两者的较低者。

4）发包人供应材料和工程设备的，不适用1）、2）规定，应由发包人按照实际变化调整，列入合同工程的工程造价内。

9. 暂估价

1）发包人在招标工程量清单中给定暂估价的材料、工程设备属于依法必须招标的，应由发承包双方以招标的方式选择供应商，确定价格，并应以此为依据取代暂估价，调整合同价款。

2）发包人在招标工程量清单中给定暂估价的材料、工程设备不属于依法必须招标的，应由承包人按照合同约定采购，经发包人确认单价后取代暂估价，调整合同价款。

3）发包人在工程量清单中给定暂估价的专业工程不属于依法必须招标的，应按照上述

"3. 工程变更"的相应条款的规定确定专业工程价款，并应以此为依据取代专业工程暂估价，调整合同价款。

4）发包人在招标工程量清单中给定暂估价的专业工程，依法必须招标的，应当由发承包双方依法组织招标选择专业分包人，并接受有管辖权的建设工程招标投标管理机构的监督，还应符合下列要求：

① 除合同另有约定外，承包人不参加投标的专业工程发包招标，应由承包人作为招标人，但拟定的招标文件、评标工作、评标结果应报送发包人批准。与组织招标工作有关的费用应当被认为已经包括在承包人的签约合同价（投标总报价）中。

② 承包人参加投标的专业工程发包招标，应由发包人作为招标人，与组织招标工作有关的费用由发包人承担。同等条件下，应优先选择承包人中标。

③ 应以专业工程发包中标价为依据取代专业工程暂估价，调整合同价款。

10. 不可抗力

1）因不可抗力事件导致的人员伤亡、财产损失及其费用增加，发承包双方应按下列原则分别承担并调整合同价款和工期：

① 合同工程本身的损害、因工程损害导致第三方人员伤亡和财产损失以及运至施工场地用于施工的材料和待安装的设备的损害，应由发包人承担。

② 发包人、承包人人员伤亡应由其所在单位负责，并应承担相应费用。

③ 承包人的施工机械设备损坏及停工损失，应由承包人承担。

④ 停工期间，承包人应发包人要求留在施工场地的必要的管理人员及保卫人员的费用应由发包人承担。

⑤ 工程所需清理、修复费用，应由发包人承担。

2）不可抗力解除后复工的，若不能按期竣工，应合理延长工期。发包人要求赶工的，赶工费用由发包人承担。

3）因不可抗力解除合同的，应按本节"2.2.9 合同解除的价款结算与支付"（2）的规定办理。

11. 提前竣工（赶工补偿）

1）招标人应依据相关工程的工期定额合理计算工期，压缩的工期天数不得超过定额工期的 20%，超过者，应在招标文件中明示增加赶工费用。

2）发包人要求合同工程提前竣工的，应征得承包人同意后与承包人商定采取加快工程进度的措施，并应修订合同工程进度计划。发包人应承担承包人由此增加的提前竣工（赶工补偿）费用。

3）发承包双方应在合同中约定提前竣工每日历天应补偿额度，此项费用应作为增加合同价款列入竣工结算文件中，应与结算款一并支付。

12. 误期赔偿

1）承包人未按照合同约定施工，导致实际进度迟于计划进度的，承包人应加快进度，实现合同工期。

合同工程发生误期，承包人应赔偿发包人由此造成的损失，并应按照合同约定向发包人支付误期赔偿费。即使承包人支付误期赔偿费，也不能免除承包人按照合同约定应承担的任何责任和应履行的任何义务。

2）发承包双方应在合同中约定误期赔偿费，并应明确每日历天应赔额度。误期赔偿费应列入竣工结算文件中，并应在结算款中扣除。

3）在工程竣工之前，合同工程内的某单项（位）工程已通过了竣工验收，且该单项（位）工程接收证书中表明的竣工日期并未延误，而是合同工程的其他部分产生了工期延误时，误期赔偿费应按照已颁发工程接收证书的单项（位）工程造价占合同价款的比例幅度予以扣减。

13. 索赔

1）当合同一方向另一方提出索赔时，应有正当的索赔理由和有效证据，并应符合合同的相关约定。

2）根据合同约定，承包人认为非承包人原因发生的事件造成了承包人的损失，应按下列程序向发包人提出索赔：

① 承包人应在知道或应当知道索赔事件发生后 28d 内，向发包人提交索赔意向通知书，说明发生索赔事件的事由。承包人逾期未发出索赔意向通知书的，丧失索赔的权利。

② 承包人应在发出索赔意向通知书后 28d 内，向发包人正式提交索赔通知书。索赔通知书应详细说明索赔理由和要求，并应附必要的记录和证明材料。

③ 索赔事件具有连续影响的，承包人应继续提交延续索赔通知，说明连续影响的实际情况和记录。

④ 在索赔事件影响结束后的 28d 内，承包人应向发包人提交最终索赔通知书，说明最终索赔要求，并应附必要的记录和证明材料。

3）承包人索赔应按下列程序处理：

① 发包人收到承包人的索赔通知书后，应及时查验承包人的记录和证明材料。

② 发包人应在收到索赔通知书或有关索赔的进一步证明材料后的 28d 内，将索赔处理结果答复承包人，如果发包人逾期未作出答复，视为承包人索赔要求已被发包人认可。

③ 承包人接受索赔处理结果的，索赔款项应作为增加合同价款，在当期进度款中进行支付；承包人不接受索赔处理结果的，应按合同约定的争议解决方式办理。

4）承包人要求赔偿时，可以选择下列一项或几项方式获得赔偿：

① 延长工期。

② 要求发包人支付实际发生的额外费用。

③ 要求发包人支付合理的预期利润。

④ 要求发包人按合同的约定支付违约金。

5）当承包人的费用索赔与工期索赔要求相关联时，发包人在作出费用索赔的批准决定时，应结合工程延期，综合作出费用赔偿和工程延期的决定。

6）发承包双方在按合同约定办理了竣工结算后，应被认为承包人已无权再提出竣工结算前所发生的任何索赔。承包人在提交的最终结清申请中，只限于提出竣工结算后的索赔，提出索赔的期限应自发承包双方最终结清时终止。

7）根据合同约定，发包人认为由于承包人的原因造成发包人的损失，宜按承包人索赔的程序进行索赔。

8）发包人要求赔偿时，可以选择下列一项或几项方式获得赔偿：

① 延长质量缺陷修复期限。

② 要求承包人支付实际发生的额外费用。

③ 要求承包人按合同的约定支付违约金。

9）承包人应付给发包人的索赔金额可从拟支付给承包人的合同价款中扣除，或由承包人以其他方式支付给发包人。

14. 现场签证

1）承包人应发包人要求完成合同以外的零星项目、非承包人责任事件等工作的，发包人应及时以书面形式向承包人发出指令，并应提供所需的相关资料；承包人在收到指令后，应及时向发包人提出现场签证要求。

2）承包人应在收到发包人指令后的 7d 内向发包人提交现场签证报告，发包人应在收到现场签证报告后的 48h 内对报告内容进行核实，予以确认或提出修改意见。发包人在收到承包人现场签证报告后的 48h 内未确认也未提出修改意见的，应视为承包人提交的现场签证报告已被发包人认可。

3）现场签证的工作如已有相应的计日工单价，现场签证中应列明完成该类项目所需的人工、材料、工程设备和施工机械台班的数量。

如现场签证的工作没有相应的计日工单价，应在现场签证报告中列明完成该签证工作所需的人工、材料设备和施工机械台班的数量及单价。

4）合同工程发生现场签证事项，未经发包人签证确认，承包人便擅自施工的，除非征得发包人书面同意，否则发生的费用应由承包人承担。

5）现场签证工作完成后的 7d 内，承包人应按照现场签证内容计算价款，报送发包人确认后，作为增加合同价款，与进度款同期支付。

6）在施工过程中，当发现合同工程内容因场地条件、地质水文、发包人要求等不一致时，承包人应提供所需的相关资料，并提交发包人签证认可，作为合同价款调整的依据。

15. 暂列金额

1）已签约合同价中的暂列金额应由发包人掌握使用。

2）发包人按照"1. 一般规定"至"14. 现场签证"的规定支付后，暂列金额余额应归发包人所有。

2.2.7 合同价款期中支付

1. 预付款

1）承包人应将预付款专用于合同工程。

2）包工包料工程的预付款的支付比例不得低于签约合同价（扣除暂列金额）的 10%，不宜高于签约合同价（扣除暂列金额）的 30%。

3）承包人应在签订合同或向发包人提供与预付款等额的预付款保函后向发包人提交预付款支付申请。

4）发包人应在收到支付申请的 7d 内进行核实，向承包人发出预付款支付证书，并在签发支付证书后的 7d 内向承包人支付预付款。

5）发包人没有按合同约定按时支付预付款的，承包人可催告发包人支付；发包人在预付款期满后的 7d 内仍未支付的，承包人可在付款期满后的第 8d 起暂停施工。发包人应承担由此增加的费用和延误的工期，并应向承包人支付合理利润。

6）预付款应从每一个支付期应支付给承包人的工程进度款中扣回，直到扣回的金额达到合同约定的预付款金额为止。

7）承包人的预付款保函的担保金额根据预付款扣回的数额相应递减，但在预付款全部扣回之前一直保持有效。发包人应在预付款扣完后的14d内将预付款保函退还给承包人。

2. 安全文明施工费

1）安全文明施工费包括的内容和使用范围，应符合国家有关文件和计量规范的规定。

2）发包人应在工程开工后的28d内预付不低于当年施工进度计划的安全文明施工费总额的60%，其余部分应按照提前安排的原则进行分解，并应与进度款同期支付。

3）发包人没有按时支付安全文明施工费的，承包人可催告发包人支付；发包人在付款期满后的7d内仍未支付的，若发生安全事故，发包人应承担相应责任。

4）承包人对安全文明施工费应专款专用，在财务账目中应单独列项备查，不得挪作他用，否则发包人有权要求其限期改正；逾期未改正的，造成的损失和延误的工期应由承包人承担。

3. 进度款

1）发承包双方应按照合同约定的时间、程序和方法，根据工程计量结果，办理期中价款结算，支付进度款。

2）进度款支付周期应与合同约定的工程计量周期一致。

3）已标价工程量清单中的单价项目，承包人应按工程计量确认的工程量与综合单价计算；综合单价发生调整的，以发承包双方确认调整的综合单价计算进度款。

4）已标价工程量清单中的总价项目和按照本节"2.2.5 工程计量"2. 中（3）的2）规定形成的总价合同，承包人应按合同中约定的进度款支付分解，分别列入进度款支付申请中的安全文明施工费和本周期应支付的总价项目的金额中。

5）发包人提供的甲供材料金额，应按照发包人签约提供的单价和数量从进度款支付中扣除，列入本周期应扣减的金额中。

6）承包人现场签证和得到发包人确认的索赔金额应列入本周期应增加金额中。

7）进度款的支付比例按照合同约定，按期中结算价款总额计，不低于60%，不高于90%。

8）承包人应在每个计量周期到期后的7d内向发包人提交已完工程进度款支付申请一式四份，详细说明此周期认为有权得到的款额，包括分包人已完工程的价款。支付申请应包括下列内容：

① 累计已完成的合同价款。

② 累计已实际支付的合同价款。

③ 本周期合计完成的合同价款。

a. 本周期已完成单价项目的金额。

b. 本周期应支付的总价项目的金额。

c. 本周期已完成的计日工价款。

d. 本周期应支付的安全文明施工费。

e. 本周期应增加的金额。

④ 本周期合计应扣减的金额。

a. 本周期应扣回的预付款。

b. 本周期应扣减的金额。

⑤ 本周期实际应支付的合同价款。

9）发包人应在收到承包人进度款支付申请后的 14d 内，根据计量结果和合同约定对申请内容予以核实，确认后向承包人出具进度款支付证书。若发承包双方对部分清单项目的计量结果出现争议，发包人应对无争议部分的工程计量结果向承包人出具进度款支付证书。

10）发包人应在签发进度款支付证书后的 14d 内，按照支付证书列明的金额向承包人支付进度款。

11）若发包人逾期未签发进度款支付证书，则视为承包人提交的进度款支付申请已被发包人认可，承包人可向发包人发出催告付款的通知。发包人应在收到通知后的 14d 内，按照承包人支付申请的金额向承包人支付进度款。

12）发包人未按照 9）~11）的规定支付进度款的，承包人可催告发包人支付，并有权获得延迟支付的利息；发包人在付款期满后的 7d 内仍未支付的，承包人可在付款期满后的第 8d 起暂停施工。发包人应承担由此增加的费用和延误的工期，向承包人支付合理利润，并应承担违约责任。

13）发现已签发的任何支付证书有错、漏或重复的数额，发包人有权予以修正，承包人也有权提出修正申请。经发承包双方复核同意修正的，应在本次到期的进度款中支付或扣除。

2.2.8 竣工结算与支付

1. 一般规定

1）工程完工后，发承包双方必须在合同约定时间内办理工程竣工结算。

2）工程竣工结算应由承包人或受其委托具有相应资质的工程造价咨询人编制，并应由发包人或受其委托具有相应资质的工程造价咨询人核对。

3）当发承包双方或一方对工程造价咨询人出具的竣工结算文件有异议时，可向工程造价管理机构投诉，申请对其进行执业质量鉴定。

4）工程造价管理机构对投诉的竣工结算文件进行质量鉴定，宜按本节"2.2.11 工程造价鉴定"的相关规定进行。

5）竣工结算办理完毕，发包人应将竣工结算文件报送工程所在地或有该工程管辖权的行业管理部门的工程造价管理机构备案，竣工结算文件应作为工程竣工验收备案、交付使用的必备文件。

2. 编制与复核

1）工程竣工结算应根据下列依据编制和复核：

①《建设工程工程量清单计价规范》（GB 50500—2013）。

② 工程合同。

③ 发承包双方实施过程中已确认的工程量及其结算的合同价款。

④ 发承包双方实施过程中已确认调整后追加（减）的合同价款。

⑤ 建设工程设计文件及相关资料。

⑥ 投标文件。

⑦ 其他依据。

2）分部分项工程和措施项目中的单价项目应依据发承包双方确认的工程量与已标价工程量清单的综合单价计算；发生调整的，应以发承包双方确认调整的综合单价计算。

3）措施项目中的总价项目应依据已标价工程量清单的项目和金额计算；发生调整的，应以发承包双方确认调整的金额计算，其中安全文明施工费应按本节"2.2.1 一般规定"1. 中5）的规定计算。

4）其他项目应按下列规定计价：

① 计日工应按发包人实际签证确认的事项计算。

② 暂估价应按"2.2.6 合同价款调整"中9. 的规定计算。

③ 总承包服务费应依据已标价工程量清单金额计算；发生调整的，应以发承包双方确认调整的金额计算。

④ 索赔费用应依据发承包双方确认的索赔事项和金额计算。

⑤ 现场签证费用应依据发承包双方签证资料确认的金额计算。

⑥ 暂列金额应减去合同价款调整（包括索赔、现场签证）金额计算，如有余额归发包人。

5）规费和税金应按本节"2.2.1 一般规定"1. 中6）的规定计算。规费中的工程排污费应按工程所在地环境保护部门规定的标准缴纳后按实列入。

6）发承包双方在合同工程实施过程中已经确认的工程计量结果和合同价款，在竣工结算办理中应直接进入结算。

3. 竣工结算

1）合同工程完工后，承包人应在经发承包双方确认的合同工程期中价款结算的基础上汇总编制完成竣工结算文件，应在提交竣工验收申请的同时向发包人提交竣工结算文件。

承包人未在合同约定的时间内提交竣工结算文件，经发包人催告后 14d 内仍未提交或没有明确答复的，发包人有权根据已有资料编制竣工结算文件，作为办理竣工结算和支付结算款的依据，承包人应予以认可。

2）发包人应在收到承包人提交的竣工结算文件后的 28d 内核对。发包人经核实，认为承包人还应进一步补充资料和修改结算文件，应在上述时限内向承包人提出核实意见，承包人在收到核实意见后的 28d 内应按照发包人提出的合理要求补充资料，修改竣工结算文件，并应再次提交给发包人复核后批准。

3）发包人应在收到承包人再次提交的竣工结算文件后的 28d 内予以复核，将复核结果通知承包人，并应遵守下列规定：

① 发包人、承包人对复核结果无异议的，应在 7d 内在竣工结算文件上签字确认，竣工结算办理完毕。

② 发包人或承包人对复核结果认为有误的，无异议部分按照1）规定办理不完全竣工结算；有异议部分由发承包双方协商解决；协商不成的，应按照合同约定的争议解决方式处理。

4）发包人在收到承包人竣工结算文件后的 28d 内，不核对竣工结算或未提出核对意见的，应视为承包人提交的竣工结算文件已被发包人认可，竣工结算办理完毕。

5）承包人在收到发包人提出的核实意见后的 28d 内，不确认也未提出异议的，应视为发包人提出的核实意见已被承包人认可，竣工结算办理完毕。

6）发包人委托工程造价咨询人核对竣工结算的，工程造价咨询人应在 28d 内核对完毕，核对结论与承包人竣工结算文件不一致的，应提交给承包人复核；承包人应在 14d 内将同意核对结论或不同意见的说明提交工程造价咨询人。工程造价咨询人收到承包人提出的异议后，应再次复核，复核无异议的，应按 3）条①的规定办理，复核后仍有异议的，按 3）条②的规定办理。

承包人逾期未提出书面异议的，应视为工程造价咨询人核对的竣工结算文件已经承包人认可。

7）对发包人或发包人委托的工程造价咨询人指派的专业人员与承包人指派的专业人员经核对后无异议并签名确认的竣工结算文件，除非发承包人能提出具体、详细的不同意见，发承包人都应在竣工结算文件上签名确认，如其中一方拒不签认的，按下列规定办理：

① 若发包人拒不签认的，承包人可不提供竣工验收备案资料，并有权拒绝与发包人或其上级部门委托的工程造价咨询人重新核对竣工结算文件。

② 若承包人拒不签认的，发包人要求办理竣工验收备案的，承包人不得拒绝提供竣工验收资料，否则，由此造成的损失，承包人承担相应责任。

8）合同工程竣工结算核对完成，发承包双方签字确认后，发包人不得要求承包人与另一个或多个工程造价咨询人重复核对竣工结算。

9）发包人对工程质量有异议，拒绝办理工程竣工结算的，已竣工验收或已竣工未验收但实际投入使用的工程，其质量争议应按该工程保修合同执行，竣工结算应按合同约定办理；已竣工未验收且未实际投入使用的工程以及停工、停建工程的质量争议，双方应就有争议的部分委托有资质的检测鉴定机构进行检测，并应根据检测结果确定解决方案，或按工程质量监督机构的处理决定执行后办理竣工结算，无争议部分的竣工结算应按合同约定办理。

4. 结算款支付

1）承包人应根据办理的竣工结算文件向发包人提交竣工结算款支付申请。申请包括下列内容：

① 竣工结算合同价款总额。

② 累计已实际支付的合同价款。

③ 应预留的质量保证金。

④ 实际应支付的竣工结算款金额。

2）发包人应在收到承包人提交竣工结算款支付申请后 7d 内予以核实，向承包人签发竣工结算支付证书。

3）发包人签发竣工结算支付证书后的 14d 内，应按照竣工结算支付证书列明的金额向承包人支付结算款。

4）发包人在收到承包人提交的竣工结算款支付申请后 7d 内不予核实，不向承包人签发竣工结算支付证书的，视为承包人的竣工结算款支付申请已被发包人认可；发包人应在收到承包人提交的竣工结算款支付申请 7d 后的 14d 内，按照承包人提交的竣工结算款支付申请列明的金额向承包人支付结算款。

5）发包人未按照 3）、4）规定支付竣工结算款的，承包人可催告发包人支付，并有权获得延迟支付的利息。发包人在竣工结算支付证书签发后或者在收到承包人提交的竣工结算

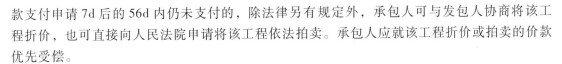

款支付申请 7d 后的 56d 内仍未支付的，除法律另有规定外，承包人可与发包人协商将该工程折价，也可直接向人民法院申请将该工程依法拍卖。承包人应就该工程折价或拍卖的价款优先受偿。

5. 质量保证金

1）发包人应按照合同约定的质量保证金比例从结算款中预留质量保证金。

2）承包人未按照合同约定履行属于自身责任的工程缺陷修复义务的，发包人有权从质量保证金中扣除用于缺陷修复的各项支出。经查验，工程缺陷属于发包人原因造成的，应由发包人承担查验和缺陷修复的费用。

3）在合同约定的缺陷责任期终止后，发包人应按照下述"6. 最终结清"的规定，将剩余的质量保证金返还给承包人。

6. 最终结清

1）缺陷责任期终止后，承包人应按照合同约定向发包人提交最终结清支付申请。发包人对最终结清支付申请有异议的，有权要求承包人进行修正和提供补充资料。承包人修正后，应再次向发包人提交修正后的最终结清支付申请。

2）发包人应在收到最终结清支付申请后的 14d 内予以核实，并应向承包人签发最终结清支付证书。

3）发包人应在签发最终结清支付证书后的 14d 内，按照最终结清支付证书列明的金额向承包人支付最终结清款。

4）发包人未在约定的时间内核实，又未提出具体意见的，应视为承包人提交的最终结清支付申请已被发包人认可。

5）发包人未按期最终结清支付的，承包人可催告发包人支付，并有权获得延迟支付的利息。

6）最终结清时，承包人被预留的质量保证金不足以抵减发包人工程缺陷修复费用的，承包人应承担不足部分的补偿责任。

7）承包人对发包人支付的最终结清款有异议的，应按照合同约定的争议解决方式处理。

2.2.9　合同解除的价款结算与支付

1）发承包双方协商一致解除合同的，应按照达成的协议办理结算和支付合同价款。

2）由于不可抗力致使合同无法履行解除合同的，发包人应向承包人支付合同解除之日前已完成工程但尚未支付的合同价款，此外，还应支付下列金额：

① 上述"2.2.6 合同价款调整"中"11. 提前竣工（赶工补偿）"规定的由发包人承担的费用。

② 已实施或部分实施的措施项目应付价款。

③ 承包人为合同工程合理订购且已交付的材料和工程设备货款。

④ 承包人撤离现场所需的合理费用，包括员工遣送费和临时工程拆除、施工设备运离现场的费用。

⑤ 承包人为完成合同工程而预期开支的任何合理费用，且该项费用未包括在本款其他各项支付之内。

发承包双方办理结算合同价款时，应扣除合同解除之日前发包人应向承包人收回的价款。当发包人应扣除的金额超过了应支付的金额，承包人应在合同解除后的56d内将其差额退还给发包人。

3）因承包人违约解除合同的，发包人应暂停向承包人支付任何价款。发包人应在合同解除后28d内核实合同解除时承包人已完成的全部合同价款以及按施工进度计划已运至现场的材料和工程设备货款，按合同约定核算承包人应支付的违约金以及造成损失的索赔金额，并将结果通知承包人。发承包双方应在28d内予以确认或提出意见，并应办理结算合同价款。如果发包人应扣除的金额超过了应支付的金额，承包人应在合同解除后的56d内将其差额退还给发包人。发承包双方不能就解除合同后的结算达成一致的，按照合同约定的争议解决方式处理。

4）因发包人违约解除合同的，发包人除应按照2）的规定向承包人支付各项价款外，还应按合同约定核算发包人应支付的违约金以及给承包人造成损失或损害的索赔金额费用。该笔费用应由承包人提出，发包人核实后应与承包人协商确定后的7d内向承包人签发支付证书。协商不能达成一致的，应按照合同约定的争议解决方式处理。

2.2.10 合同价款争议的解决

1. 监理或造价工程师暂定

1）若发包人和承包人之间就工程质量、进度、价款支付与扣除、工期延期、索赔、价款调整等发生任何法律上、经济上或技术上的争议，首先应根据已签约合同的规定，提交合同约定职责范围内的总监理工程师或造价工程师解决，并应抄送另一方。总监理工程师或造价工程师在收到此提交件后14d内应将暂定结果通知发包人和承包人。发承包双方对暂定结果认可的，应以书面形式予以确认，暂定结果成为最终决定。

2）发承包双方在收到总监理工程师或造价工程师的暂定结果通知之后的14d内未对暂定结果予以确认也未提出不同意见的，应视为发承包双方已认可该暂定结果。

3）发承包双方或一方不同意暂定结果的，应以书面形式向总监理工程师或造价工程师提出，说明自己认为正确的结果，同时抄送另一方，此时该暂定结果成为争议。在暂定结果对发承包双方当事人履约不产生实质影响的前提下，发承包双方应实施该结果，直到按照发承包双方认可的争议解决办法被改变为止。

2. 管理机构的解释或认定

1）合同价款争议发生后，发承包双方可就工程计价依据的争议以书面形式提请工程造价管理机构对争议以书面文件进行解释或认定。

2）工程造价管理机构应在收到申请的10个工作日内就发承包双方提请的争议问题进行解释或认定。

3）发承包双方或一方在收到工程造价管理机构书面解释或认定后仍可按照合同约定的争议解决方式提请仲裁或诉讼。除工程造价管理机构的上级管理部门作出了不同的解释或认定，或在仲裁裁决或法院判决中不予采信的外，工程造价管理机构作出的书面解释或认定应为最终结果，并应对发承包双方均有约束力。

3. 协商和解

1）合同价款争议发生后，发承包双方任何时候都可以进行协商。协商达成一致的，双方应签订书面和解协议，和解协议对发承包双方均有约束力。

2）如果协商不能达成一致协议，发包人或承包人都可以按合同约定的其他方式解决争议。

4. 调解

1）发承包双方应在合同中约定或在合同签订后共同约定争议调解人，负责双方在合同履行过程中发生争议的调解。

2）合同履行期间，发承包双方可协议调换或终止任何调解人，但发包人或承包人都不能单独采取行动。除非双方另有协议，在最终结清支付证书生效后，调解人的任期应即终止。

3）如果发承包双方发生了争议，任何一方可将该争议以书面形式提交调解人，并将副本抄送另一方，委托调解人调解。

4）发承包双方应按照调解人提出的要求，给调解人提供所需要的资料、现场进入权及相应设施。调解人应被视为不是在进行仲裁人的工作。

5）调解人应在收到调解委托后28d内或由调解人建议并经发承包双方认可的其他期限内提出调解书，发承包双方接受调解书的，经双方签字后作为合同的补充文件，对发承包双方均具有约束力，双方都应立即遵照执行。

6）当发承包双方中任一方对调解人的调解书有异议时，应在收到调解书后28d内向另一方发出异议通知，并应说明争议的事项和理由。但除非并直到调解书在协商和解或仲裁裁决、诉讼判决中作出修改，或合同已经解除，承包人应继续按照合同实施工程。

7）当调解人已就争议事项向发承包双方提交了调解书，而任一方在收到调解书后28d内均未发出表示异议的通知时，调解书对发承包双方应均具有约束力。

5. 仲裁、诉讼

1）发承包双方的协商和解或调解均未达成一致意见，其中的一方已就此争议事项根据合同约定的仲裁协议申请仲裁，应同时通知另一方。

2）仲裁可在竣工之前或之后进行，但发包人、承包人、调解人各自的义务不得因在工程实施期间进行仲裁而有所改变。当仲裁是在仲裁机构要求停止施工的情况下进行时，承包人应对合同工程采取保护措施，由此增加的费用应由败诉方承担。

3）在"1. 监理或造价工程师暂定"至"4. 调解"的期限之内，暂定或和解协议或调解书已经有约束力的情况下，当发承包中一方未能遵守暂定或和解协议或调解书时，另一方可在不损害其可能具有的任何其他权利的情况下，将未能遵守暂定或不执行和解协议或调解书达成的事项提交仲裁。

4）发包人、承包人在履行合同时发生争议，双方不愿和解、调解或者和解、调解不成，又没有达成仲裁协议的，可依法向人民法院提起诉讼。

2.2.11　工程造价鉴定

1. 一般鉴定

1）在工程合同价款纠纷案件处理中，需作工程造价司法鉴定的，应委托具有相应资质的工程造价咨询人进行。

2）工程造价咨询人接受委托时提供工程造价司法鉴定服务，应按仲裁、诉讼程序和要求进行，并应符合国家关于司法鉴定的规定。

3）工程造价咨询人进行工程造价司法鉴定时，应指派专业对口、经验丰富的注册造价工程师承担鉴定工作。

4）工程造价咨询人应在收到工程造价司法鉴定资料后10d内，根据自身专业能力和证据资料判断能否胜任该项委托，如不能，应辞去该项委托。工程造价咨询人不得在鉴定期满后以上述理由不作出鉴定结论，影响案件处理。

5）接受工程造价司法鉴定委托的工程造价咨询人或造价工程师如是鉴定项目一方当事人的近亲属或代理人、咨询人以及其他关系可能影响鉴定公正的，应当自行回避；未自行回避，鉴定项目委托人以该理由要求其回避的，必须回避。

6）工程造价咨询人应当依法出庭接受鉴定项目当事人对工程造价司法鉴定意见书的质询。如确因特殊原因无法出庭的，经审理该鉴定项目的仲裁机关或人民法院准许，可以书面形式答复当事人的质询。

2. 取证

1）工程造价咨询人进行工程造价鉴定工作时，应自行收集以下（但不限于）鉴定资料：

① 适用于鉴定项目的法律、法规、规章、规范性文件以及规范、标准、定额。

② 鉴定项目同时期同类型工程的技术经济指标及其各类要素价格等。

2）工程造价咨询人收集鉴定项目的鉴定依据时，应向鉴定项目委托人提出具体书面要求，其内容包括：

① 与鉴定项目相关的合同、协议及其附件。

② 相应的施工图等技术经济文件。

③ 施工过程中的施工组织、质量、工期和造价等工程资料。

④ 存在争议的事实及各方当事人的理由。

⑤ 其他有关资料。

3）工程造价咨询人在鉴定过程中要求鉴定项目当事人对缺陷资料进行补充的，应征得鉴定项目委托人同意，或者协调鉴定项目各方当事人共同签认。

4）根据鉴定工作需要现场勘验的，工程造价咨询人应提请鉴定项目委托人组织各方当事人对被鉴定项目所涉及的实物标的进行现场勘验。

5）勘验现场应制作勘验记录、笔录或勘验图表，记录勘验的时间、地点、勘验人、在场人、勘验经过、结果，由勘验人、在场人签名或者盖章确认。绘制的现场图应注明绘制的时间、测绘人姓名、身份等内容。必要时应采取拍照或摄像取证，留下影像资料。

6）鉴定项目当事人未对现场勘验图表或勘验笔录等签字确认的，工程造价咨询人应提请鉴定项目委托人决定处理意见，并在鉴定意见书中作出表述。

3. 鉴定

1）工程造价咨询人在鉴定项目合同有效的情况下应根据合同约定进行鉴定，不得任意改变双方合法的合意。

2）工程造价咨询人在鉴定项目合同无效或合同条款约定不明确的情况下应根据法律、法规、相关国家标准和《建设工程工程量清单计价规范》（GB 50500—2013）的规定，选择相应专业工程的计价依据和方法进行鉴定。

3）工程造价咨询人出具正式鉴定意见书之前，可报请鉴定项目委托人向鉴定项目各方当事人发出鉴定意见书征求意见稿，并指明应书面答复的期限及其不答复的相应法律责任。

4）工程造价咨询人收到鉴定项目各方当事人对鉴定意见书征求意见稿的书面复函后，应对不同意见认真复核，修改完善后再出具正式鉴定意见书。

5）工程造价咨询人出具的工程造价鉴定书应包括下列内容：

① 鉴定项目委托人名称、委托鉴定的内容。

② 委托鉴定的证据材料。

③ 鉴定的依据及使用的专业技术手段。

④ 对鉴定过程的说明。

⑤ 明确的鉴定结论。

⑥ 其他需说明的事宜。

⑦ 工程造价咨询人盖章及注册造价工程师签名盖执业专用章。

6）工程造价咨询人应在委托鉴定项目的鉴定期限内完成鉴定工作，如确因特殊原因不能在原定期限内完成鉴定工作时，应按照相应法规提前向鉴定项目委托人申请延长鉴定期限，并应在此期限内完成鉴定工作。

经鉴定项目委托人同意等待鉴定项目当事人提交、补充证据的，质证所用的时间不应计入鉴定期限。

7）对于已经出具的正式鉴定意见书中有部分缺陷的鉴定结论，工程造价咨询人应通过补充鉴定作出补充结论。

2.2.12　工程计价资料与档案

1. 计价资料

1）发承包双方应当在合同中约定各自在合同工程中现场管理人员的职责范围，双方现场管理人员在职责范围内签字确认的书面文件是工程计价的有效凭证，但如有其他有效证据或经实证证明其是虚假的除外。

2）发承包双方不论在何种场合对与工程计价有关的事项所给予的批准、证明、同意、指令、商定、确定、确认、通知和请求，或表示同意、否定、提出要求和意见等，均应采用书面形式，口头指令不得作为计价凭证。

3）任何书面文件送达时，应由对方签收，通过邮寄应采用挂号、特快专递传送，或以发承包双方商定的电子传输方式发送，交付、传送或传输至指定的接收人的地址。如接收人通知了另外地址时，随后通信信息应按新地址发送。

4）发承包双方分别向对方发出的任何书面文件，均应将其抄送现场管理人员，如系复印件应加盖合同工程管理机构印章，证明与原件相同。双方现场管理人员向对方所发任何书面文件，也应将其复印件发送给发承包双方，复印件应加盖合同工程管理机构印章，证明与原件相同。

5）发承包双方均应当及时签收另一方送达其指定接收地点的来往信函，拒不签收的，送达信函的一方可以采用特快专递或者公证方式送达，所造成的费用增加（包括被迫采用特殊送达方式所发生的费用）和延误的工期由拒绝签收一方承担。

6）书面文件和通知不得扣压，一方能够提供证据证明另一方拒绝签收或已送达的，应视为对方已签收并应承担相应责任。

2. 计价档案

1）发承包双方以及工程造价咨询人对具有保存价值的各种载体的计价文件，均应收集齐全，整理立卷后归档。

2）发承包双方和工程造价咨询人应建立完善的工程计价档案管理制度，并应符合国家和有关部门发布的档案管理相关规定。

3）工程造价咨询人归档的计价文件，保存期不宜少于五年。

4）归档的工程计价成果文件应包括纸质原件和电子文件，其他归档文件及依据可为纸质原件、复印件或电子文件。

5）归档文件应经过分类整理，并应组成符合要求的案卷。

6）归档可以分阶段进行，也可以在项目竣工结算完成后进行。

7）向接受单位移交档案时，应编制移交清单，双方应签字、盖章后方可交接。

第3章 装饰装修工程定额计价

3.1 装饰装修工程定额概述

3.1.1 装饰装修工程定额的概念

装饰装修工程定额是在一定的社会生产力发展水平条件下，完成装饰装修工程中的某项合格产品的资源消耗量与各种生产要素消耗之间特定的数量关系，属于生产消费定额性质。它反映了在一定的社会生产力水平条件下建筑装饰装修工程的施工管理和技术水平。

装饰装修工程预算定额是一种计价性的定额。在工程委托承包的情况下，它是确定工程造价的评分依据。在招标承包的情况下，它是计算标底和确定报价的主要依据。所以，预算定额在工程建设定额中占有很重要的地位。从编制程序看，施工定额是预算定额的编制基础，而预算定额则是概算定额和估算指标的编制基础。可以说预算定额在计价定额中是基础性定额。

3.1.2 装饰装修工程定额的性质

1. 科学性

建筑装饰装修工程定额是装饰装修工程进入科学管理阶段的产物，它的科学性，首先表现在用科学的态度制定定额，尊重客观实际，定额水平合理；其次表现在制定定额的技术方法上，利用现代科学管理的成就，形成一套系统的、完整的、在实践中行之有效的方法；最后表现在定额制定和贯彻一体化上，制定是为了提供贯彻的依据，贯彻是为了实现管理的目标，也是对定额的信息反馈。

2. 指导性

随着我国建设市场的不断成熟和规范，建筑装饰装修工程定额尤其是统一定额原具备的法令性特点逐渐弱化，转而成为对整个建筑装饰装修市场和具体装饰装修产品交易的指导作用。建筑装饰装修工程定额的指导性的客观基础是定额的科学性，只有科学的定额才能正确地指导客观的交易行为。它的指导性体现在两个方面：一方面，建筑装饰装修工程定额作为国家各地区和行业颁布的指导性依据，可以规范装饰装修市场的交易行为，在具体的装饰装修产品定价过程中也可以起到相应的参考性作用，同时统一定额还可作为政府投资项目定价以及造价控制的重要依据；另一方面，在现行的工程量清单计价方式下，承包商报价的主要依据是企业定额，但企业定额的编制和完善仍然离不开统一定额的指导。

3. 统一性

装饰装修定额的统一性主要由国家对经济发展的有计划的宏观调控职能决定。为了使国民经济按照既定的目标发展，就需要借助于某些标准、定额、参数等，对工程建设进行规划、组织、调节、控制。而这些标准、定额、参数必须在一定的范围内是统一的，才能实现上述职能，才能利用它对项目的决策、设计方案、投标报价、成本控制进行比选和评价。

4. 稳定性和时效性

工程建设定额中的任何一种都是一定时期技术发展和管理水平的反映，因而在一段时间内都表现出稳定的状态。稳定的时间有长有短，一般在 5~10 年。保持定额的稳定性是维护定额的权威性所必需的，更是有效地贯彻定额所必需的。如果某种定额处于经常的修改或变动之中，那么必然造成执行中的困难和混乱，使人们感到没有必要去认真对待它，很容易导致定额权威性的丧失。工程建设定额的不稳定也会给定额的编制工作带来极大的困难。工程建设定额的稳定性是相对的，当生产力向前发展了，定额就会与已经发展了的生产力不相适应，这样，定额原有的作用就会逐步减弱以至消失，需要重新编制或修订。

3.2 装饰装修工程预算定额组成与应用

将所有"定额项目劳动力计算表"和"定额项目材料及机械台班计算表"经分类整理后，过渡到规定的定额表上，加上编制说明、目录等内容，通过印刷，装订而成的定额称作定额册或定额本，简称为定额。

3.2.1 装饰装修预算定额的组成

建筑工程预算定额的内容组成可划分为文字说明、定额项目表和定额附录三大部分。

1. 文字说明

（1）总说明　主要说明以下各项情况：

1）定额的编制原则及依据。

2）定额的适用范围及作用。

3）定额中的"三项指标"（人工、材料、机械）的确定方法。

4）定额运用必须遵守的原则及适用范围。

5）定额中所采用的人工工资等级；材料规格、材质标准；允许换算的原则；机械类型、容量或性能等。

6）定额中已考虑或未考虑的因素及处理方法。

7）各分部分项工程定额的共性问题的有关统一规定及使用方法等。

（2）分部工程说明　主要说明的内容如下：

1）该分部工程所包含的定额项目内容。

2）该分部工程定额项目包括与未包括的内容。

3）该分部工程定额允许增减系数范围的界定。

4）该分部工程应说明的其他有关问题等。

（3）分节说明　分节说明是对该节所包括的工程内容、工作内容及使用有关问题的说明。

文字说明是定额正确使用的依据和原则，应用前必须仔细阅读，不然就会造成错套、漏套及重套定额。

2. 定额项目表

表明各分项或子项工程中人工、材料、机械台班耗用量及相应各项费用的表格称为定额项目表。定额项目表的内容组成如下：

1）定额"节"名称及定额项目名称。

2）定额项目的工作内容（即"分节说明"）。

3）定额项目的计量单位等。

3. 定额附录

为编制地区单位估价表或定额"基价"换算的方便，预算定额后边一般都编有附录。附录内容通常包括常用的施工机械台班预算价格、常用材料预算价格、混凝土及砂浆配合比表等。

3.2.2　装饰装修工程预算定额的应用

1. 直接套用

定额的直接套用是指当工程项目（指工程子项）的内容和施工要求与定额（子）项目中规定的各种条件和要求完全一致时，就应直接套用定额中规定的人工、材料、机械台班的单位消耗量，直接套用定额基价，以求出实际装饰装修工程的人工、材料、机械台班数量和工程的货币价值量（常称复价或合价，或直接称为定额直接费）。

直接套用定额的选套步骤一般是：

1）查阅定额目录，确定工程所属分部分项。

2）按实际工程内容及条件，与定额子项对照，确认项目名称、做法、用料及规格是否一致，查找定额子项，确定定额编号。

3）查出基价及人、材、机消耗量。

4）计算项目直接费及工料机消耗量。

2. 换算后套用

若施工图设计的工程项目内容（包括构造、材料、做法等）与定额相应子目规定内容不完全符合时，如果定额规定允许换算或调整，则应在规定范围内进行换算或调整，套用换算后的定额子目，确定项目综合工日、材料消耗、机械台班用量和基价。

3.3　装饰装修工程预算定额的编制

3.3.1　装饰装修工程预算定额的编制原则

1. 按平均水平确定预算定额的原则

建筑装饰装修工程预算定额是确定建筑装饰装修工程价格的主要依据。预算定额作为确定建筑装饰装修工程价格的工具，必须遵守价格的客观规律与要求。根据国家有关部门对建筑装饰装修工程定额编制规定的原则，定额水平应按照社会必要劳动量确定，即按产品生产过程中所消耗的社会必要劳动时间确定定额水平。预算定额的平均水平，是根据各省市、地区建筑业在现有平均的生产条件、平均劳动熟练程度、平均劳动强度下，完成单位建筑装饰装修工程量所需的时间来确定的。

2. 简明适用性的预算定额原则

建筑装饰装修工程预算定额的内容和形式，既要满足不同用途的需要，同时还要具有简单明了、适用性强、容易掌握和操作方便的相关特点。在使用预算定额计量单位时，还要考虑到简化工程的计算工作因素。同时，为了保证预算定额水平稳定，除了那些在设计和施工中允许换算的外，预算定额要尽量套用定额，既可减少换算工作量，也有利于保证预算定额的准确性。

3. 统一性和差别性相结合的预算定额原则

考虑到我国的基本建设实际情况，在建筑装饰装修工程预算定额方面采用的是由统一性和差别性相结合的预算定额原则。根据国家的基本建设方针政策和经济发展的要求，采取了统一制定预算定额的编制原则和方法组织预算定额的编制和修订，颁布有关政策性的法规和条例细则，颁布全国统一预算定额和费率标准等。在全国范围内统一基础定额的项目划分，统一定额名称、定额编号，统一人工、材料和机械台班消耗量的名称及计量单位等，这样，建筑装饰装修工程预算定额才具有统一计价的依据。

3.3.2　装饰装修工程预算定额的编制依据

1. 有关建筑装饰装修工程预算定额资料

1）建筑装饰装修工程施工定额。

2）现行的建筑工程预算定额（现行的建筑装饰装修工程预算定额）。

2. 有关建筑装饰装修工程设计资料

1）国家或地区颁布的建筑装饰装修工程通用设计图集。

2）有关建筑装饰装修工程构件、产品的定型设计图集。

3）其他有代表性的建筑装饰装修工程设计资料。

3. 有关建筑装饰装修工程的政策法规和相关的文件资料

1）现行的建筑安装工程施工验收规范。

2）现行的建筑安装工程质量评定标准。

3）现行的建筑安装工程操作规程。

4）现行的建筑工程施工验收规范。

5）现行的建筑装饰工程质量评定标准。

4. 有关建筑装饰装修工程的价格资料

1）现行的人工工资标准资料。

2）现行的材料预算价格资料。

3）现行的有关设备配件等价格资料。

4）现行的施工机械台班预算价格资料。

3.3.3　装饰装修工程预算定额的编制程序

装饰装修工程预算定额的编制内容与程序见表3-1。

表 3-1 装饰装修工程预算定额的编制内容与程序

编制程序	准备工作阶段	成立编制小组
		收集编制资料
		拟订编制方案
		确定定额项目水平表现形式
	编制定额阶段	熟悉分析预算资料
		计算工作量
		确定人工、材料、机械
		计算定额计价
		编制定额项目表
		拟订文字说明
	审定定额阶段	测算新编定额水平审查
		审查、修改新编定额
		报请主管部门审批
		颁发执行新定额

第4章 建筑面积计算

4.1 建筑面积基础知识

4.1.1 建筑面积的概念

1. 建筑面积

建筑面积也称建筑展开面积，是指建筑物各层水平面积的总和。建筑面积由使用面积、辅助面积和结构面积组成，其中使用面积与辅助面积之和称为有效面积。其公式为

$$建筑面积 = 使用面积 + 辅助面积 + 结构面积 = 有效面积 + 结构面积 \qquad (4-1)$$

2. 使用面积

使用面积是指建筑物各层布置中可直接为生产或生活使用的净面积总和。例如住宅建筑中的卧室、起居室、客厅等。住宅建筑中的使用面积也称为居住面积。

3. 辅助面积

辅助面积是指建筑物各层平面布置中为辅助生产和生活所占净面积的总和。例如住宅建筑中的楼梯、走道、厕所、厨房等。

4. 结构面积

结构面积是指建筑物各层平面布置中的墙体、柱等结构所占的面积的总和。

5. 首层建筑面积

首层建筑面积也称为底层建筑面积，是指建筑物底层勒脚以上外墙外围水平投影面积。首层建筑面积作为"二线一面"中的一个重要指标，在工程量计算时，将被反复使用。

4.1.2 建筑面积计算的要求

1. 建筑面积计算的步骤

（1）读图 建筑面积计算规则可归纳为以下几种情况：

1）凡层高超过 2.2m 的有顶盖和围护或柱（除深基础以外）的均应全部计算建筑面积。

2）凡无顶或无柱者，能供人们利用的一般按水平投影面积的 1/2 计算建筑面积。

3）除以上两种情况之外及有关配件均不计算建筑面积。

在掌握建筑面积计算规则的基础上，必须认真阅读施工图，明确需要计算的部分和单层、多层问题以及阳台的类型等。

（2）列项 按照单层、多层、雨篷、车棚等分类，并按一定顺序或轴线编号列出项目。

（3）计算

（4）查取尺寸 按照施工图查取尺寸，并根据如上所述计算规则进行建筑面积计算。

2. 计算建筑面积时的注意事项

1）在计算建筑面积时，是按外墙的外边线取定尺寸，而设计图多以轴线标注尺寸，因此，要注意将底层和标准层按各自墙厚尺寸转换成边线尺寸进行计算。

2）当在同一外边轴线上有墙有柱时，要查看墙外边线是否一致，不一致时要按墙外边线、柱外边线分别取定尺寸计算建筑面积。

3）如果遇到有建筑物内留有天井空间时，在计算建筑面积中应注意扣除天井面积。

4）无柱走廊、檐廊和无围护结构的阳台，通常都按栏杆或栏板标注尺寸，其水平面积可以按栏杆或栏板墙外边线取定尺寸；如果是采用钢木花栏杆的，应以廊台板外边线取定尺寸。

5）层高小于 2.2m 的架空层或结构层，通常均不计算建筑面积。

4.1.3 《建筑工程建筑面积计算规范》简述

为规范工业与民用建筑工程建设全过程的建筑面积计算，统一计算方法，住房和城乡建设部颁布实施了《建筑工程建筑面积计算规范》（GB/T 50353—2013）（以下简称《建筑面积计算规范》），自 2014 年 7 月 1 日起实施，规范适用于新建、扩建、改建的工业与民用建筑工程建设全过程的建筑面积计算。原《建筑工程建筑面积计算规范》（GB/T 50353—2005）同时废止。

建筑工程的建筑面积计算，除应符合《建筑面积计算规范》外，尚应符合国家现行有关标准的规定。

《建筑面积计算规范》修订的主要技术内容是：

1）增加了建筑物架空层的面积计算规定，取消了深基础架空层。

2）取消了有永久性顶盖的面积计算规定，增加了无围护结构有围护设施的面积计算规定。

3）修订了落地橱窗、门斗、挑廊、走廊、檐廊的面积计算规定。

4）增加了凸（飘）窗的建筑面积计算要求。

5）修订了围护结构不垂直于水平面而超出底板外沿的建筑物的面积计算规定。

6）删除了原室外楼梯强调的有永久性顶盖的面积计算要求。

7）修订了阳台的面积计算规定。

8）修订了外保温层的面积计算规定。

9）修订了设备层、管道层的面积计算规定。

10）增加了门廊的面积计算规定。

11）增加了有顶盖的采光井的面积计算规定。

4.1.4 与建筑面积计算有关的术语

为了准确计算建筑物的建筑面积，《建筑工程建筑面积计算规范》（GB/T 50353—2013）对相关术语做了明确规定，见表 4-1。

表 4-1　与建筑面积计算有关的术语

术　语	释　义
自然层	按楼地面结构分层的楼层
结构层高	楼面或地面结构层上表面至上部结构层上表面之间的垂直距离
围护结构	围合建筑空间的墙体、门、窗
建筑空间	以建筑界面限定的、供人们生活和活动的场所,具备可出入、可利用条件(设计中可能标明了使用用途,也可能没有标明使用用途或使用用途不明确)的围合空间,均属于建筑空间
结构净高	楼面或地面结构层上表面至上部结构层下表面之间的垂直距离
围护设施	为保障安全而设置的栏杆、栏板等围挡
地下室	室内地平面低于室外地平面的高度超过室内净高的1/2的房间
半地下室	室内地平面低于室外地平面的高度超过室内净高的1/3,且不超过1/2的房间
架空层	仅有结构支撑而无外围护结构的开敞空间层
走廊	建筑物中的水平交通空间
架空走廊	专门设置在建筑物的二层或二层以上,作为不同建筑物之间水平交通的空间
结构层	整体结构体系中承重的楼板层,包括板、梁等构件。结构层承受整个楼层的全部荷载,并对楼层的隔声、防火等起主要作用
落地橱窗	凸出外墙面且根基落地的橱窗,即在商业建筑临街面设置的下槛落地、可落在室外地坪也可落在室内首层地板,用来展览各种样品的玻璃窗
凸窗(飘窗)	凸出建筑物外墙面的窗户 凸窗(飘窗)既作为窗,就有别于楼(地)板的延伸,也就是不能把楼(地)板延伸出去的窗称为凸窗(飘窗)。凸窗(飘窗)的窗台应只是墙面的一部分且距(楼)地面应有一定的高度
檐廊	建筑物挑檐下的水平交通空间,即附属于建筑物底层外墙有屋檐作为顶盖,其下部一般有柱或栏杆、栏板等的水平交通空间
挑廊	挑出建筑物外墙的水平交通空间
门斗	建筑物入口处两道门之间的空间
雨篷	建筑物出入口上方、凸出墙面、为遮挡雨水而单独设立的建筑部件。雨篷划分为有柱雨篷(包括独立柱雨篷、多柱雨篷、柱墙混合支撑雨篷、墙支撑雨篷)和无柱雨篷(悬挑雨篷)如凸出建筑物,且不单独设立顶盖,利用上层结构板(如楼板、阳台底板)进行遮挡,则不视为雨篷,不计算建筑面积。对于无柱雨篷,如顶盖高度达到或超过两个楼层时,也不视为雨篷,不计算建筑面积
门廊	建筑物入口前有顶棚的半围合空间,即在建筑物出入口,无门、三面或二面有墙,上部有板(或借用上部楼板)围护的部位
楼梯	由连续行走的梯级、休息平台和维护安全的栏杆(或栏板)、扶手以及相应的支托结构组成的作为楼层之间垂直交通使用的建筑部件
阳台	附设于建筑物外墙,设有栏杆或栏板,可供人活动的室外空间
主体结构	接受、承担和传递建设工程所有上部荷载,维持上部结构整体性、稳定性和安全性的有机联系的构造
变形缝	在建筑物因温差、不均匀沉降以及地震而可能引起结构破坏变形的敏感部位或其他必要的部位,预先设缝将建筑物断开,令断开后建筑物的各部分成为独立的单元,或者划分为简单、规则的段,并令各段之间的缝达到一定的宽度,以能够适应变形的需要。根据外界破坏因素的不同,变形缝一般分为伸缩缝、沉降缝、抗震缝三种

（续）

术　语	释　义
骑楼	建筑底层沿街面后退且留出公共人行空间的建筑物，即沿街二层以上用承重柱支撑骑跨在公共人行空间之上，其底层沿街面后退的建筑物
过街楼	当有道路在建筑群穿过时为保证建筑物之间的功能联系，设置跨越道路上空使两边建筑相连接的建筑物
建筑物通道	为穿过建筑物而设置的空间
露台	设置在屋面、首层地面或雨篷上的供人室外活动的有围护设施的平台 露台应满足四个条件：一是位置，设置在屋面、地面或雨篷顶；二是可出入；三是有围护设施；四是无盖，这四个条件须同时满足。如果设置在首层并有围护设施的平台，且其上层为同体量阳台，则该平台应视为阳台，按阳台的规则计算建筑面积
勒脚	在房屋外墙接近地面部位设置的饰面保护构造
台阶	联系室内外地坪或同楼层不同标高而设置的阶梯形踏步，即建筑物出入口不同标高地面或同楼层不同标高处设置的供人行走的阶梯式连接构件。室外台阶还包括与建筑物出入口连接处的平台

4.2　建筑面积计算规则及实例

4.2.1　计算建筑面积的规定

1）建筑物的建筑面积应按自然层外墙结构外围水平面积之和计算。结构层高在2.20m及以上的，应计算全面积；结构层高在2.20m以下的，应计算1/2面积。

2）建筑物内设有局部楼层时，对于局部楼层的二层及以上楼层，有围护结构的应按其围护结构外围水平面积计算，无围护结构的应按其结构底板水平面积计算，且结构层高在2.20m及以上的，应计算全面积，结构层高在2.20m以下的，应计算1/2面积。

建筑物内的局部楼层示意图如图4-1所示。

3）对于形成建筑空间的坡屋顶，结构净高在2.10m及以上的部位应计算全面积；结构净高在1.20m及以上至2.10m以下的部位应计算1/2面积；结构净高在1.20m以下的部位不应计算建筑面积。

4）对于场馆看台下的建筑空间，结构净高在2.10m及以上的部位应计算全面积；结构净高在1.20m及以上至2.10m以下的部位应计算1/2面积；结构净高在1.20m以下的部位不应

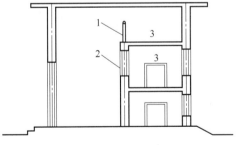

图4-1　建筑物内的局部楼层示意图
1—围护设施　2—围护结构　3—局部楼层

计算建筑面积。室内单独设置的有围护设施的悬挑看台，应按看台结构底板水平投影面积计算建筑面积。有顶盖无围护结构的场馆看台应按其顶盖水平投影面积的1/2计算面积。

5）地下室、半地下室应按其结构外围水平面积计算。结构层高在2.20m及以上的，应计算全面积；结构层高在2.20m以下的，应计算1/2面积。

6）出入口外墙外侧坡道有顶盖的部位，应按其外墙结构外围水平面积的1/2计算面积。

出入口坡道分有顶盖出入口坡道和无顶盖出入口坡道，出入口坡道顶盖的挑出长度，为顶盖结构外边线至外墙结构外边线的长度；顶盖以设计图为准，对后增加及建设单位自行增加的顶盖等，不计算建筑面积。顶盖不分材料种类（如钢筋混凝土顶盖、彩钢板顶盖、阳光板顶盖等）。地下室出入口示意图如图 4-2 所示。

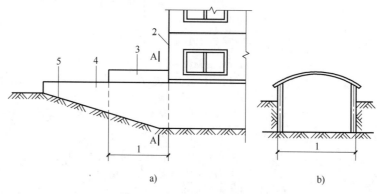

图 4-2　地下室出入口示意图

a）立面图　b）A—A 剖面图

1—计算 1/2 投影面积部位　2—主体建筑　3—出入口顶盖　4—封闭出入口侧墙　5—出入口坡道

7）建筑物架空层及坡地建筑物吊脚架空层，应按其顶板水平投影计算建筑面积。结构层高在 2.20m 及以上的，应计算全面积；结构层高在 2.20m 以下的，应计算 1/2 面积。

该条规定既适用于建筑物吊脚架空层、深基础架空层建筑面积的计算，也适用于目前部分住宅、学校教学楼等工程在底层架空或在二楼或以上某个甚至多个楼层架空，作为公共活动、停车、绿化等空间的建筑面积的计算。架空层中有围护结构的建筑空间按相关规定计算。建筑物吊脚架空层示意图如图 4-3 所示。

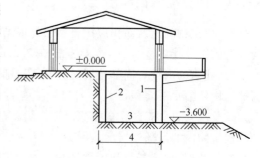

图 4-3　建筑物吊脚架空层示意图

1—柱　2—墙　3—吊脚架空层　4—计算建筑面积部位

8）建筑物的门厅、大厅应按一层计算建筑面积，门厅、大厅内设置的走廊应按走廊结构底板水平投影面积计算建筑面积。结构层高在 2.20m 及以上的，应计算全面积；结构层高在 2.20m 以下的，应计算 1/2 面积。

9）对于建筑物间的架空走廊，有顶盖和围护设施的，应按其围护结构外围水平面积计算全面积；无围护结构、有围护设施的，应按其结构底板水平投影面积计算 1/2 面积。

无围护结构的架空走廊示意图如图 4-4 所示，有围护结构的架空走廊示意图如图 4-5 所示。

10）对于立体书库、立体仓库、立体车库，有围护结构的，应按其围护结构外围水平面积计算建筑面积；无围护结构、有围护设施的，应按其结构底板水平投影面积计算建筑面积。无结构层的应按一层计算，有结构层的应按其结构层面积分别计算。结构层高在 2.20m 及以上的，应计算全面积；结构层高在 2.20m 以下的，应计算 1/2 面积。

起局部分隔、存储等作用的书架层、货架层或可升降的立体钢结构停车层均不属于结构层，故该部分分层不计算建筑面积。

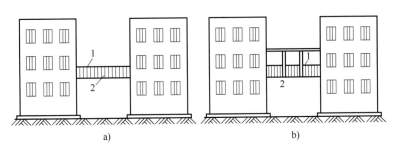

图 4-4 无围护结构的架空走廊示意图

a）无顶盖 b）有顶盖

1—栏杆 2—架空走廊

11）有围护结构的舞台灯光控制室，应按其围护结构外围水平面积计算。结构层高在 2.20m 及以上的，应计算全面积；结构层高在 2.20m 以下的，应计算 1/2 面积。

12）附属在建筑物外墙的落地橱窗，应按其围护结构外围水平面积计算。结构层高在 2.20m 及以上的，应计算全面积；结构层高在 2.20m 以下的，应计算 1/2 面积。

13）窗台与室内楼地面高差在 0.45m 以下且结构净高在 2.10m 及以上的凸（飘）窗，应按其围护结构外围水平面积计算 1/2 面积。

14）有围护设施的室外走廊（挑廊），应按其结构底板水平投影面积计算 1/2 面积；有围护设施（或柱）的檐廊，应按其围护设施（或柱）外围水平面积计算 1/2 面积。

檐廊示意图如图 4-6 所示。

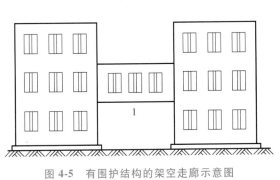

图 4-5 有围护结构的架空走廊示意图

1—架空走廊

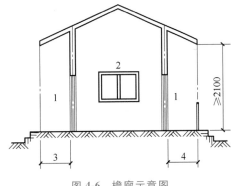

图 4-6 檐廊示意图

1—檐廊 2—室内 3—不计算建筑面积部位

4—计算 1/2 建筑面积部位

15）门斗应按其围护结构外围水平面积计算建筑面积，且结构层高在 2.20m 及以上的，应计算全面积；结构层高在 2.20m 以下的，应计算 1/2 面积。

门斗示意图如图 4-7 所示。

16）门廊应按其顶板的水平投影面积的 1/2 计算建筑面积；有柱雨篷应按其结构板水平投影面积的 1/2 计算建筑面积；无柱雨篷的结构外边线至外墙结构外边线的宽度在 2.10m 及以上的，应按雨篷结构板的水平投影面积的 1/2 计算建筑面积。

雨篷分为有柱雨篷和无柱雨篷。有柱雨篷，没有出挑宽度的限制，也不受跨越层数的限制，均计算建筑面积。无柱雨篷，其结构板不能跨层，并受出挑宽度的限制，设计出挑宽度大于或等于 2.10m 时才计算建筑面积。出挑宽度,系指雨篷结构外边线至外墙结构外边线的宽度,弧形或异型时,取最大宽度。

17)设在建筑物顶部的、有围护结构的楼梯间、水箱间、电梯机房等,结构层高在 2.20m 及以上的应计算全面积;结构层高在 2.20m 以下的,应计算 1/2 面积。

18)围护结构不垂直于水平面的楼层,应按其底板面的外墙外围水平面积计算。结构净高在 2.10m 及以上的部位,应计算全面积;结构净高在 1.20m 及以上至

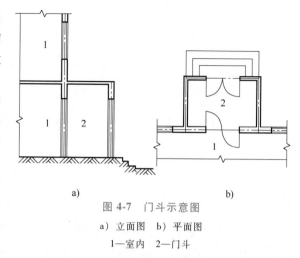

图 4-7 门斗示意图
a)立面图 b)平面图
1—室内 2—门斗

2.10m 以下的部位,应计算 1/2 面积;结构净高在 1.20m 以下的部位,不应计算建筑面积。

斜围护结构示意图如图 4-8 所示。

19)建筑物的室内楼梯、电梯井、提物井、管道井、通风排气竖井、烟道,应并入建筑物的自然层计算建筑面积。有顶盖的采光井应按一层计算面积,且结构净高在 2.10m 及以上的,应计算全面积;结构净高在 2.10m 以下的,应计算 1/2 面积。

有顶盖的采光井包括建筑物中的采光井和地下室采光井。地下室采光井示意图如图 4-9 所示。

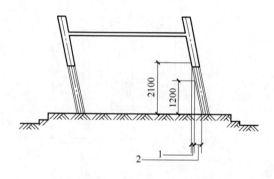

图 4-8 斜围护结构示意图
1—计算 1/2 建筑面积部位 2—不计算建筑面积部位

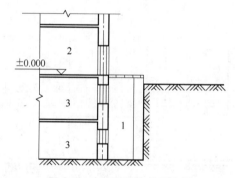

图 4-9 地下室采光井示意图
1—采光井 2—室内 3—地下室

20)室外楼梯应并入所依附建筑物自然层,并应按其水平投影面积的 1/2 计算建筑面积。

室外楼梯作为连接该建筑物层与层之间交通不可缺少的基本部件,无论从其功能还是工程计价的要求来说,均需计算建筑面积。层数为室外楼梯所依附的楼层数,即梯段部分投影到建筑物范围的层数。利用室外楼梯下部的建筑空间不得重复计算建筑面积;利用地势砌筑的为室外踏步,不计算建筑面积。

21)在主体结构内的阳台,应按其结构外围水平面积计算全面积;在主体结构外的阳台,应按其结构底板水平投影面积计算 1/2 面积。

22)有顶盖无围护结构的车棚、货棚、站台、加油站、收费站等,应按其顶盖水平投影面积的 1/2 计算建筑面积。

23）以幕墙作为围护结构的建筑物，应按幕墙外边线计算建筑面积。

幕墙以其在建筑物中所起的作用和功能来区分，直接作为外墙起围护作用的幕墙，按其外边线计算建筑面积；设置在建筑物墙体外起装饰作用的幕墙，不计算建筑面积。

24）建筑物的外墙外保温层，应按其保温材料的水平截面积计算，并计入自然层建筑面积。

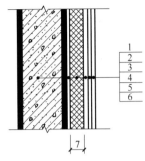

图 4-10 建筑外墙外保温示意图
1—墙体 2—粘结胶浆 3—保温材料
4—标准网 5—加强网
6—抹面胶浆 7—计算建筑面积部位

建筑物外墙外侧有保温隔热层的，保温隔热层以保温材料的净厚度乘以外墙结构外边线长度按建筑物的自然层计算建筑面积，其外墙外边线长度不扣除门窗和建筑物外已计算建筑面积构件（如阳台、室外走廊、门斗、落地橱窗等部件）所占长度。当建筑物外已计算建筑面积的构件（如阳台、室外走廊、门斗、落地橱窗等部件）有保温隔热层时，其保温隔热层也不再计算建筑面积。外墙是斜面者按楼面楼板处的外墙外边线长度乘以保温材料的净厚度计算。外墙外保温以沿高度方向满铺为准，某层外墙外保温铺设高度未达到全部高度时（不包括阳台、室外走廊、门斗、落地橱窗、雨篷、飘窗等），不计算建筑面积。保温隔热层的建筑面积是以保温隔热材料的厚度来计算的，不包含抹灰层、防潮层、保护层（墙）的厚度。建筑外墙外保温示意图如图 4-10 所示。

25）与室内相通的变形缝，应按其自然层合并在建筑物建筑面积内计算。对于高低联跨的建筑物，当高低跨内部连通时，其变形缝应计算在低跨面积内。

26）对于建筑物内的设备层、管道层、避难层等有结构层的楼层，结构层高在 2.20m 及以上的，应计算全面积；结构层高在 2.20m 以下的，应计算 1/2 面积。

4.2.2 不计算建筑面积的规定

下列项目不应计算建筑面积：

1）与建筑物内不相连通的建筑部件，指的是依附于建筑物外墙外不与户室开门连通，起装饰作用的敞开式挑台（廊）、平台，以及不与阳台相通的空调室外机搁板（箱）等设备平台部件。

2）骑楼、过街楼底层的开放公共空间和建筑物通道。

骑楼示意图如图 4-11 所示，过街楼示意图如图 4-12 所示。

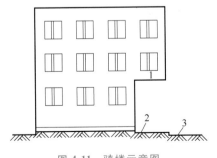

图 4-11 骑楼示意图
1—骑楼 2—人行道 3—街道

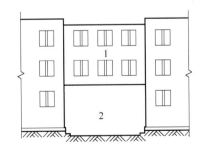

图 4-12 过街楼示意图
1—过街楼 2—建筑物通道

3）舞台及后台悬挂幕布和布景的天桥、挑台等，指的是影剧院的舞台及为舞台服务的可供上人维修、悬挂幕布、布置灯光及布景等搭设的天桥和挑台等构件设施。

4）露台、露天游泳池、花架、屋顶的水箱及装饰性结构构件。

5）建筑物内不构成结构层的操作平台、上料平台（包括：工业厂房、搅拌站和料仓等建筑中的设备操作控制平台、上料平台等）、安装箱和罐体的平台。其主要作用为室内构筑物或设备服务的独立上人设施，因此不计算建筑面积。

6）勒脚、附墙柱、垛、台阶、墙面抹灰、装饰面、镶贴块料面层、装饰性幕墙，主体结构外的空调室外机搁板（箱）、构件、配件，挑出宽度在 2.10m 以下的无柱雨篷和顶盖高度达到或超过两个楼层的无柱雨篷。

附墙柱是指非结构性装饰柱。

7）窗台与室内地面高差在 0.45m 以下且结构净高在 2.10m 以下的凸（飘）窗，窗台与室内地面高差在 0.45m 及以上的凸（飘）窗。

8）室外爬梯、室外专用消防钢楼梯。

9）无围护结构的观光电梯。

10）建筑物以外的地下人防通道，独立的烟囱、烟道、地沟、油（水）罐、气柜、水塔、贮油（水）池、贮仓、栈桥等构筑物。

4.2.3 建筑面积计算实例

【例4-1】 某6层砖结构住宅楼，如图4-13所示，2~6层建筑平面图均相同。阳台为不封闭阳台，首层无阳台，其他均与2层相同。请计算其建筑面积。

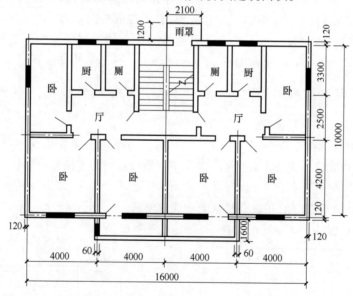

图 4-13 某 6 层砖结构住宅楼 2~6 层平面图

【解】

（1）首层建筑面积

$S_1 = (10+0.24) \times (16+0.24)$

$\qquad = 10.24 \times 16.24$

$\qquad \approx 166.30$（m^2）

（2）2~6层建筑面积（包括主体面积和阳台面积）

$$S_{2\sim6} = S_Z + S_Y$$

式中　S_Z——主体面积；

　　　S_Y——阳台面积。

2~6层建筑面积：

$$S_Z = S_1 \times 5$$
$$= 166.30 \times 5$$
$$= 831.5 \ (\text{m}^2)$$

$$S_Y = (1.6 - 0.12) \times (4 \times 2 + 0.06 \times 2) \times 5 \times 1 \div 2$$
$$= 1.48 \times 8.12 \times 5 \div 2$$
$$\approx 30.04 \ (\text{m}^2)$$

$$S_{2\sim6} = 831.5 + 30.04 = 861.54 \ (\text{m}^2)$$

（3）总建筑面积

$$S = S_1 + S_{2\sim6}$$
$$= 166.30 + 861.54$$
$$= 1027.84 \ (\text{m}^2)$$

【例4-2】　如图4-14所示，求利用吊脚空间设置的架空层（S）建筑面积。

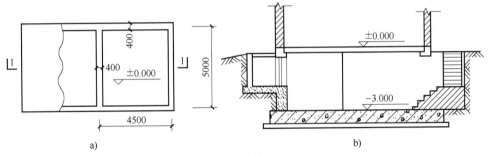

图4-14　利用吊脚的架空层示意图

a）吊脚平面图　b）1-1剖面图

【解】

$$S = (5 + 0.4) \times (4.5 + 0.4)$$
$$= 5.4 \times 4.9$$
$$= 26.46 \ (\text{m}^2)$$

【例4-3】　如图4-15所示，深基础做地下架空层的建筑面积。

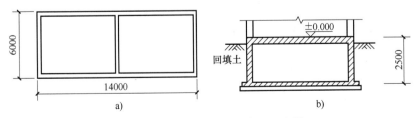

图4-15　深基础做地下架空层示意图

a）基础平面图　b）立面图

【解】

建筑物架空层层高超过 2.2m，按围护结构外围水平投影面积计算全面积。

$S = 14 \times 6 = 84$ （m²）

【例4-4】 求如图4-16所示某宾馆的建筑面积。

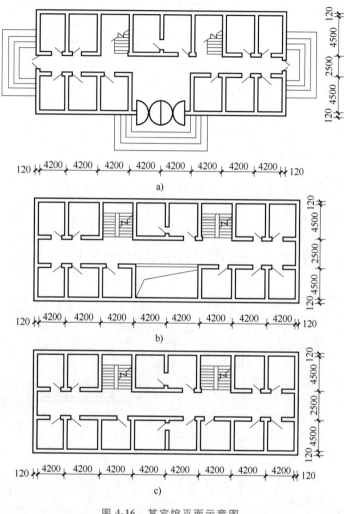

图 4-16 某宾馆平面示意图

a）底层平面图 b）二层平面图 c）三、四、五、六层平面图

【解】

（1）底层建筑面积

$S_1 = (4.2 \times 8 + 0.12 \times 2) \times (4.5 \times 2 + 2.5 + 0.12 \times 2)$

$\quad = 33.84 \times 11.74$

$\quad \approx 397.28$ （m²）

（2）二层建筑面积

$S_2 = (4.2 \times 8 + 0.12 \times 2) \times (4.5 \times 2 + 2.5 + 0.12 \times 2) -$

$\quad (4.2 \times 2 - 0.12 \times 2) \times (4.5 - 0.12 \times 2)$

$= 33.84 \times 11.74 - 8.16 \times 4.26$

$= 397.2816 - 34.7616$

$= 362.52 \ (\text{m}^2)$

（3）三、四、五、六层建筑面积

$S_{3、4、5、6} = (4.2 \times 8 + 0.12 \times 2) \times (4.5 \times 2 + 2.5 + 0.12 \times 2)$

$= 33.84 \times 11.74$

$\approx 397.28 \ (\text{m}^2)$

（4）总建筑面积

$S = 397.28 + 362.52 + 397.28 \times 4 = 2348.92 \ (\text{m}^2)$

【例 4-5】　求如图 4-17 所示有顶盖的架空通廊的建筑面积。

【解】

（1）有顶盖的架空通廊建筑面积

S = 通廊水平投影面积

$= 20 \times 2.8$

$= 56 \ (\text{m}^2)$

（2）当图中的架空通廊无顶盖时，其建筑面积

S = 通廊水平投影面积 $\times 1/2$

$= 20 \times 2.8 \times 1/2$

$= 28 \ (\text{m}^2)$

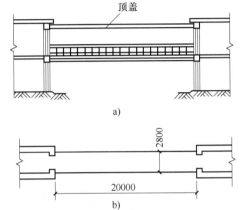

图 4-17　某有顶盖的架空通廊示意图

a）立面图　b）平面图

【例 4-6】　如图 4-18 所示，求有书架层书库的图书馆建筑面积。

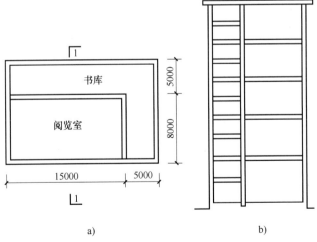

图 4-18　某图书馆书库示意图

a）平面图　b）1-1 剖面图

【解】

图书馆建筑面积：

$$S = 15 \times 8 \times 5 + [5 \times 8 + 5 \times (15+5)] \times 10$$
$$= 600 + (40+100) \times 10$$
$$= 2000 \ (m^2)$$

【例 4-7】 已知如图 4-19 所示某雨篷建筑，试计算雨篷建筑面积。

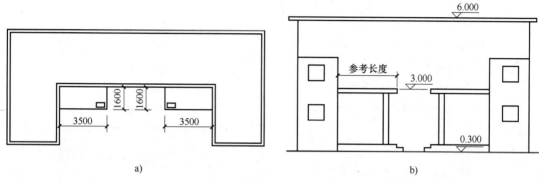

图 4-19 某雨篷建筑示意图

a）平面图 b）剖面图

【解】

根据雨篷建筑面积计算规则，该雨篷建筑面积为：

$3.5 \times 1.6 \times 0.5 \times 2 = 5.6 \ (m^2)$

【例 4-8】 如图 4-20 所示，室内有电梯井，计算该工程建筑面积。

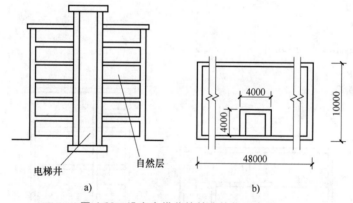

图 4-20 设有电梯井的某建筑物示意图

a）剖面图 b）平面图

【解】

$$S = 48 \times 10 \times 6 + 4 \times 4$$
$$= 2880 + 16$$
$$= 2896 \ (m^2)$$

【例 4-9】 某住宅楼底层平面图示意图如图 4-21 所示，已知内、外墙墙厚均为 240mm，雨篷挑出墙外 1.2m，阳台为封闭式，试计算住宅底层建筑面积。

【解】

房屋建筑面积：

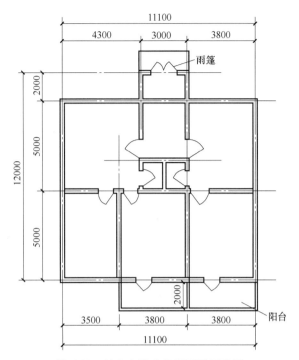

图 4-21　某住宅楼底层平面图示意图

$S_1 = (3.5+3.8+3.8+0.12\times2)\times(5+5+0.12\times2)+(3+0.12\times2)\times(2-0.12+0.12)$

$\quad = 11.34\times10.24+3.24\times2$

$\quad = 116.1216+6.48$

$\quad \approx 122.6\ (m^2)$

阳台建筑面积：

$S_2 = 1/2\times(3.8+3.8)\times2$

$\quad = 1/2\times7.6\times2$

$\quad = 7.6\ (m^2)$

住宅底层建筑面积：

$S_3 = S_1+S_2$

$\quad = 122.6+7.6$

$\quad = 130.2\ (m^2)$

【例 4-10】　求如图 4-22 所示单排柱车棚的建筑面积。

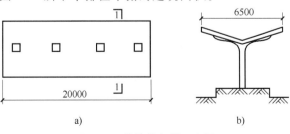

图 4-22　单排柱车棚示意图

a）平面图　b）1-1 剖面图

【解】

单排柱车棚建筑面积：

S = 顶盖水平投影面积×1/2

$\quad$ = 20×6.5×1/2

$\quad$ = 65（m²）

【例4-11】 如图4-23所示，通道穿过建筑物，计算该工程的建筑面积。

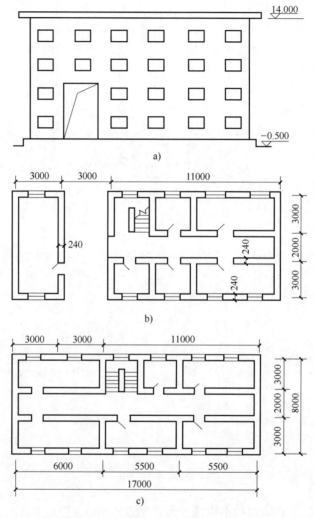

图4-23 有通道穿过的建筑物示意图

a）正立面示意图 b）一、二层平面示意图 c）三、四层平面示意图

【解】

S = (17+0.24)×(8+0.24)×4-(3-0.24)×(8+0.24)×2

$\quad$ = 568.2304-45.4848

$\quad$ ≈ 522.75（m²）

第5章　楼地面装饰工程

5.1　楼地面装饰工程清单工程量计算规则

1. 整体面层及找平层

整体面层及找平层工程量清单项目的设置、项目特征描述的内容、计量单位、工程量计算规则应按表5-1执行。

表 5-1　整体面层及找平层（编码：011101）

项目编码	项目名称	项目特征	计量单位	工程量计算规则	工程内容
011101001	水泥砂浆楼地面	1. 找平层厚度、砂浆配合比 2. 素水泥浆遍数 3. 面层厚度、砂浆配合比 4. 面层做法要求			1. 基层清理 2. 抹找平层 3. 抹面层 4. 材料运输
011101002	现浇水磨石楼地面	1. 找平层厚度、砂浆配合比 2. 面层厚度、水泥石子浆配合比 3. 嵌条材料种类、规格 4. 石子种类、规格、颜色 5. 颜料种类、颜色 6. 图案要求 7. 磨光、酸洗、打蜡要求		按设计图示尺寸以面积计算。扣除凸出地面构筑物、设备基础、室内管道、地沟等所占面积，不扣除间壁墙及≤0.3m² 柱、垛、附墙烟囱及孔洞所占面积。门洞、空圈、暖气包槽、壁龛的开口部分不增加面积	1. 基层清理 2. 抹找平层 3. 面层铺设 4. 嵌缝条安装 5. 磨光、酸洗打蜡 6. 材料运输
011101003	细石混凝土楼地面	1. 找平层厚度、砂浆配合比 2. 面层厚度、混凝土强度等级	m²		1. 基层清理 2. 抹找平层 3. 面层铺设 4. 材料运输
011101004	菱苦土楼地面	1. 找平层厚度、砂浆配合比 2. 面层厚度 3. 打蜡要求			1. 基层清理 2. 抹找平层 3. 面层铺设 4. 打蜡 5. 材料运输
011101005	自流坪楼地面	1. 找平层砂浆配合比、厚度 2. 界面剂材料种类 3. 中层漆材料种类、厚度 4. 面漆材料种类、厚度 5. 面层材料种类			1. 基层处理 2. 抹找平层 3. 涂界面剂 4. 涂刷中层漆 5. 打磨、吸尘 6. 镘自流平面漆(浆) 7. 拌和自流平浆料 8. 铺面层

（续）

项目编码	项目名称	项目特征	计量单位	工程量计算规则	工程内容
011101006	平面砂浆找平层	找平层砂浆配合比、厚度	m²	按设计图示尺寸以面积计算	1. 基层处理 2. 抹找平层 3. 材料运输

注：1. 水泥砂浆面层处理是拉毛还是提浆压光应在面层做法要求中描述。

2. 平面砂浆找平层只适用于仅做找平层的平面抹灰。

3. 间壁墙指墙厚≤120mm的墙。

4. 楼地面混凝土垫层另按《房屋建筑与装饰工程工程量计算规范》（GB 50854—2013）附录E.1"现浇混凝土基础"中"垫层"项目编码列项，除混凝土外的其他材料垫层按《房屋建筑与装饰工程工程量计算规范》（GB 50854—2013）附录D.4"垫层"项目编码列项。

2. 块料面层

块料面层工程量清单项目的设置、项目特征描述的内容、计量单位、工程量计算规则应按表5-2执行。

表5-2 块料面层（编码：011102）

项目编码	项目名称	项目特征	计量单位	工程量计算规则	工程内容
011102001	石材楼地面	1. 找平层厚度、砂浆配合比 2. 结合层厚度、砂浆配合比 3. 面层材料品种、规格、颜色 4. 嵌缝材料种类 5. 防护层材料种类 6. 酸洗、打蜡要求	m²	按设计图示尺寸以面积计算。门洞、空圈、暖气包槽、壁龛的开口部分并入相应的工程量内	1. 基层清理 2. 抹找平层 3. 面层铺设、磨边 4. 嵌缝 5. 刷防护材料 6. 酸洗、打蜡 7. 材料运输
011102002	碎石材楼地面				
011102003	块料楼地面				

注：1. 在描述碎石材项目的面层材料特征时可不用描述规格、品牌、颜色。

2. 石材、块料与粘结材料的结合面刷防渗材料的种类在防护层材料种类中描述。

3. 本表工作内容中的"磨边"指施工现场磨边。

3. 橡塑面层

橡塑面层工程量清单项目的设置、项目特征描述的内容、计量单位、工程量计算规则应按表5-3执行。

表5-3 橡塑面层（编码：011103）

项目编码	项目名称	项目特征	计量单位	工程量计算规则	工程内容
011103001	橡胶板楼地面	1. 粘结层厚度、材料种类 2. 面层材料品种、规格、颜色 3. 压线条种类	m²	按设计图示尺寸以面积计算。门洞、空圈、暖气包槽、壁龛的开口部分并入相应的工程量内	1. 基层清理 2. 面层铺贴 3. 压缝条装钉 4. 材料运输
011103002	橡胶板卷材楼地面				
011103003	塑料板楼地面				
011103004	塑料卷材楼地面				

注：本表项目中如涉及找平层，另按表5-1中"找平层"的项目编码列项。

4. 其他材料面层

其他材料面层工程量清单项目的设置、项目特征描述的内容、计量单位、工程量计算规则应按表5-4执行。

表5-4 其他材料面层（编码：011104）

项目编码	项目名称	项目特征	计量单位	工程量计算规则	工程内容
011104001	地毯楼地面	1. 面层材料品种、规格、颜色 2. 防护材料种类 3. 粘结材料种类 4. 压线条种类	m²	按设计图示尺寸以面积计算。门洞、空圈、暖气包槽、壁龛的开口部分并入相应的工程量内	1. 基层清理 2. 铺贴面层 3. 刷防护材料 4. 装钉压条 5. 材料运输
011104002	竹、木（复合）地板	1. 龙骨材料种类、规格、铺设间距 2. 基层材料种类、规格 3. 面层材料品种、规格、颜色 4. 防护材料种类			1. 基层清理 2. 龙骨铺设 3. 基层铺设 4. 面层铺贴 5. 刷防护材料 6. 材料运输
011104003	金属复合地板				
011104004	防静电活动地板	1. 支架高度、材料种类 2. 面层材料品种、规格、颜色 3. 防护材料种类			1. 基层清理 2. 固定支架安装 3. 活动面层安装 4. 刷防护材料 5. 材料运输

5. 踢脚线

踢脚线工程量清单项目的设置、项目特征描述的内容、计量单位、工程量计算规则应按表5-5执行。

表5-5 踢脚线（编码：011105）

项目编码	项目名称	项目特征	计量单位	工程量计算规则	工程内容
011105001	水泥砂浆踢脚线	1. 踢脚线高度 2. 底层厚度、砂浆配合比 3. 面层厚度、砂浆配合比	1. m² 2. m	1. 按设计图示长度乘高度以面积计算 2. 按延长米计算	1. 基层清理 2. 底层和面层抹灰 3. 材料运输
011105002	石材踢脚线	1. 踢脚线高度 2. 粘贴层厚度、材料种类 3. 面层材料品种、规格、颜色 4. 防护材料种类			1. 基层清理 2. 底层抹灰 3. 面层铺贴、磨边 4. 擦缝 5. 磨光、酸洗、打蜡 6. 刷防护材料 7. 材料运输
011105003	块料踢脚线				
011105004	塑料板踢脚线	1. 踢脚线高度 2. 粘结层厚度、材料种类 3. 面层材料种类、规格、颜色			1. 基层清理 2. 基层铺贴 3. 面层铺贴 4. 材料运输
011105005	木质踢脚线	1. 踢脚线高度 2. 基层材料种类、规格 3. 面层材料品种、规格、颜色			
011105006	金属踢脚线				
011105007	防静电踢脚线				

注：石材、块料与粘结材料的结合面刷防渗材料的种类在防护层材料种类中描述。

6. 楼梯面层

楼梯面层工程量清单项目的设置、项目特征描述的内容、计量单位、工程量计算规则应按表5-6执行。

表5-6　楼梯面层（编码：011106）

项目编码	项目名称	项目特征	计量单位	工程量计算规则	工程内容
011106001	石材楼梯面层	1. 找平层厚度、砂浆配合比 2. 粘结层厚度、材料种类 3. 面层材料的品种、规格、颜色 4. 防滑条材料种类、规格 5. 勾缝材料种类 6. 防护层材料种类 7. 酸洗、打蜡要求	m²	按设计图示尺寸以楼梯（包括踏步、休息平台及≤500mm的楼梯井）水平投影面积计算。楼梯与楼地面相连时，算至梯口梁内侧边沿；无梯口梁者，算至最上一层踏步边沿加300mm	1. 基层清理 2. 抹找平层 3. 面层铺贴、磨边 4. 贴嵌防滑条 5. 勾缝 6. 刷防护材料 7. 酸洗、打蜡 8. 材料运输
011106002	块料楼梯面层				
011106003	拼碎块料面层				
011106004	水泥砂浆楼梯面层	1. 找平层厚度、砂浆配合比 2. 面层厚度、砂浆配合比 3. 防滑条材料种类、规格			1. 基层清理 2. 抹找平层 3. 抹面层 4. 抹防滑条 5. 材料运输
011106005	现浇水磨石楼梯面层	1. 找平层厚度、砂浆配合比 2. 面层厚度、水泥石子浆配合比 3. 防滑条材料种类、规格 4. 石子种类、规格、颜色 5. 颜料种类、颜色 6. 磨光、酸洗打蜡要求			1. 基层清理 2. 抹找平层 3. 抹面层 4. 贴嵌防滑条 5. 磨光、酸洗、打蜡 6. 材料运输
011106006	地毯楼梯面层	1. 基层种类 2. 面层材料的品种、规格、颜色 3. 防护材料种类 4. 粘结材料种类 5. 固定配件材料种类、规格			1. 基层清理 2. 铺贴面层 3. 固定配件安装 4. 刷防护材料 5. 材料运输
011106007	木板楼梯面层	1. 基层材料种类、规格 2. 面层材料的品种、规格、颜色 3. 粘结材料种类 4. 防护材料种类			1. 基层清理 2. 基层铺贴 3. 面层铺贴 4. 刷防护材料 5. 材料运输
011106008	橡胶板楼梯面层	1. 粘结层厚度、材料种类 2. 面层材料的品种、规格、颜色 3. 压线条种类			1. 基层清理 2. 面层铺贴 3. 压缝条装钉 4. 材料运输
011106009	塑料板楼梯面层				

注：1. 在描述碎石材项目的面层材料特征时可不用描述规格、品牌、颜色。

　　2. 石材、块料与粘结材料的结合面刷防渗材料的种类在防护层材料种类中描述。

7. 台阶装饰

台阶装饰工程量清单项目的设置、项目特征描述的内容、计量单位、工程量计算规则应按表5-7执行。

表 5-7　台阶装饰（编码：011107）

项目编码	项目名称	项目特征	计量单位	工程量计算规则	工程内容
011107001	石材台阶面	1. 找平层厚度、砂浆配合比 2. 粘结层材料种类 3. 面层材料品种、规格、颜色 4. 勾缝材料种类 5. 防滑条材料种类、规格 6. 防护材料种类	m²	按设计图示尺寸以台阶（包括最上层踏步边沿加300mm）水平投影面积	1. 基层清理 2. 抹找平层 3. 面层铺贴 4. 贴嵌防滑条 5. 勾缝 6. 刷防护材料 7. 材料运输
011107002	块料台阶面				
011107003	拼碎块料台阶面				
011107004	水泥砂浆台阶面	1. 找平层厚度、砂浆配合比 2. 面层厚度、砂浆配合比 3. 防滑条材料种类			1. 基层清理 2. 抹找平层 3. 抹面层 4. 抹防滑条 5. 材料运输
011107005	现浇水磨石台阶面	1. 找平层厚度、砂浆配合比 2. 面层厚度、水泥石子浆配合比 3. 防滑条材料种类、规格 4. 石子种类、规格、颜色 5. 颜料种类、颜色 6. 磨光、酸洗、打蜡要求			1. 清理基层 2. 抹找平层 3. 抹面层 4. 贴嵌防滑条 5. 打磨、酸洗、打蜡 6. 材料运输
011107006	剁假石台阶面	1. 找平层厚度、砂浆配合比 2. 面层厚度、砂浆配合比 3. 剁假石要求			1. 清理基层 2. 抹找平层 3. 抹面层 4. 剁假石 5. 材料运输

注：1. 在描述碎石材项目的面层材料特征时可不用描述规格、品牌、颜色。

　　2. 石材、块料与粘结材料的结合面刷防渗材料的种类在防护层材料种类中描述。

8. 零星装饰项目

零星装饰项目工程量清单项目的设置、项目特征描述的内容、计量单位、工程量计算规则应按表5-8执行。

表 5-8　零星装饰项目（编码：011108）

项目编码	项目名称	项目特征	计量单位	工程量计算规则	工程内容
011108001	石材零星项目	1. 工程部位 2. 找平层厚度、砂浆配合比 3. 贴结合层厚度、材料种类 4. 面层材料品种、规格、颜色 5. 勾缝材料种类 6. 防护材料种类 7. 酸洗、打蜡要求	m²	按设计图示尺寸以面积计算	1. 清理基层 2. 抹找平层 3. 面层铺贴、磨边 4. 勾缝 5. 刷防护材料 6. 酸洗、打蜡 7. 材料运输
011108002	拼碎石材零星项目				
011108003	块料零星项目				
011108004	水泥砂浆零星项目	1. 工程部位 2. 找平层厚度、砂浆配合比 3. 面层厚度、砂浆厚度			1. 清理基层 2. 抹找平层 3. 抹面层 4. 材料运输

注：1. 楼梯、台阶牵边和侧面镶贴块料面层，≤0.5m² 的少量分散的楼地面镶贴块料面层，应按本表执行。

　　2. 石材、块料与粘结材料的结合面刷防渗材料的种类在防护层材料种类中描述。

5.2 楼地面装饰工程定额工程量计算规则

1. 定额说明

1）《房屋建筑与装饰工程消耗量》（TY 01—31—2021）楼地面装饰工程包括楼地面垫层、找平层及整体面层、块料面层、木地板及复合地板面层、橡塑面层、其他材料面层、踢脚线、楼梯面层、台阶装饰、零星装饰项目、其他装饰项目共十一节。

2）人工级配砂石垫层是按中（粗）砂15%（不含填充石子空隙）、砾石85%（含填充砂）的级配比例编制的。垫层用于基础垫层时，按相应项目人工、机械乘以系数1.20；垫层级配比例（配合比）设计与消耗量取定不同者，按设计要求调整。

3）干混地面砂浆强度等级、水磨石地面水泥石子浆的配合比，设计与消耗量不同时，按设计要求调整。水磨石地面包含酸洗打蜡，其他块料项目如需做酸洗打蜡者，单独执行相应酸洗打蜡项目。

4）同一铺贴面上有不同种类、材质的材料，应分别按本章相应项目执行。

5）厚度≤60mm的细石混凝土按找平层项目执行，厚度>60mm的按"混凝土及钢筋混凝土工程"垫层项目执行。细石混凝土楼地面压实赶光按水泥砂浆楼地面随捣随抹相应项目人工、机械乘以系数1.10。

6）采用地暖的地面垫层，按不同材料执行相应项目，人工乘以系数1.30，材料乘以系数0.95。

7）块料面层。

① 对于设计要求对缝、分色、圆弧形等不规则楼地面以及楼地面铺贴面积与块料规格模数不符发生的块料切割（锯材）损耗可另行计算。

② 镶贴块料项目是按规格料考虑的，如需现场倒角、磨边者按"其他装饰工程"相应项目执行。

③ 石材楼地面拼花按成品考虑。

④ 镶嵌规格在100mm×100mm以内的石材执行点缀项目。

⑤ 玻化砖按陶瓷地面砖相应项目执行。

⑥ 石材楼地面设计分色、隔条分格的，按相应项目人工乘以系数1.10；精磨、打胶、勾缝按相应项目另行计算。

⑦ 块料结合层砂浆厚度按20mm考虑，设计与消耗量不同时，按砂浆找平层每增减1mm项目调整。

8）木地板及复合地板面层。

① 木地板及复合地板安装按成品企口考虑，若采用平口安装，其人工乘以系数0.85。

② 木地板及复合地板填充材料按"保温、隔热、防腐工程"相应项目执行。

9）弧形墙踢脚线按相应项目人工、机械乘以系数1.15。

10）楼梯段踢脚线按相应项目人工、机械乘以系数1.15；楼梯靠墙踢脚线锯齿三角形部分按零星项目执行，不再乘以系数。踢脚线高度均按12cm考虑，设计与消耗量不同者，除水泥砂浆踢脚线用量可按设计高度比例调整外，其他材料踢脚线均按成品考虑，其人工与材料用量均不予调整。

11）石材螺旋形楼梯按弧形楼梯项目人工乘以系数 1.20。

12）零星项目面层适用于楼梯侧面、台阶的牵边、花台、小便池、蹲台、池槽，以及面积在 $0.5m^2$ 以内且未列项目的工程。

2. 工程量计算规则

1）地面垫层按地面面积乘以设计厚度计算，基础垫层按实铺体积计算。

2）楼地面找平层及整体面层按设计图示结构尺寸以面积计算。扣除凸出地面构筑物、设备基础、室内铁道、地沟等所占面积，不扣除间壁墙及单个面积 $\leq 0.3m^2$ 的柱、垛、附墙烟囱及孔洞所占面积。门洞、空圈、暖气包槽、壁龛的开口部分不增加面积。

3）块料面层、木地板及复合地板面层、橡塑面层、其他材料面层。

① 块料面层、木地板及复合地板面层、橡塑面层及其他材料面层按镶贴表面积计算。门洞、空圈、暖气包槽、壁龛的开口部分并入相应的工程量内。

② 石材拼花按最大外围尺寸以矩形面积计算。有拼花的石材地面，按镶贴表面积扣除拼花的最大外围矩形面积计算面积。

③ 点缀按数量计算，计算主体铺贴地面面积时，不扣除点缀所占面积。

④ 石材底面刷养护液包括侧面涂刷，工程量按设计图示尺寸以底面积计算。

⑤ 石材表面刷保护液按设计图示尺寸以表面积计算。

⑥ 石材地面精磨、勾缝按石材设计图示尺寸以面积计算。

⑦ 打胶按设计图示尺寸以"延长米"计算。

⑧ 块料地面圆弧形部分增加费按设计图示尺寸以"延长米"计算。

4）踢脚线按设计图示长度以"延长米"计算。

5）楼梯面层按设计图示尺寸以楼梯（包括踏步、休息平台及宽度 $\leq 500mm$ 的楼梯井）水平投影面积计算。楼梯与楼地面相连时，算至梯口梁内侧边沿；无梯口梁者，算至最上一层踏步边沿加 300mm。

6）台阶面层按设计图示尺寸以台阶（包括最上层踏步边沿加 300mm）水平投影面积计算。

7）零星项目按设计图示尺寸以面积计算。

8）分格嵌条、防滑条按设计图示尺寸以"延长米"计算。

9）块料楼地面做酸洗打蜡者，按设计图示尺寸以表面积计算。

10）标线已包含各类油漆的损耗，按设计图示尺寸以面积计算。

5.3 楼地面装饰工程工程量清单编制实例

实例 1 某建筑房间平面的工程量计算

某房屋平面图如图 5-1 所示。已知内、外墙墙厚均为 240mm，水泥砂浆踢脚线高 200mm，门均为 800mm 宽。试计算：100mm 厚 C15 混凝土地面垫层工程量；20mm 厚水泥砂浆面层工程量；水泥砂浆踢脚线工程量。

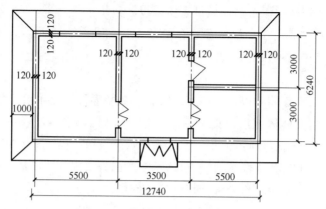

图 5-1　某房屋平面图

【解】

（1）100mm 厚 C15 混凝土地面垫层

地面垫层工程量＝主墙间净空面积×垫层厚度

$$= [(12.74-0.24×3)×(6-0.24)-(3.5-0.24)×0.24]×0.1$$
$$≈ 6.85 （m^3）$$

（2）20mm 厚水泥砂浆面层

地面面层工程量＝主墙间净空面积

$$= (12.74-0.24×3)×(6-0.24)-(3.5-0.24)×0.24$$
$$≈ 68.45 （m^2）$$

（3）水泥砂浆踢脚线

踢脚线工程量＝[(12.74-0.24)×2+(3.5-0.24)×2+(6-0.24)×6-0.8×7+
0.24×3-0.24×2]×0.2

$$= (25+6.52+34.56-5.6+0.72-0.48)×0.2$$
$$= 12.14 （m^2）$$

实例 2　某建筑水泥砂浆楼地面的工程量计算

某建筑平面图如图 5-2 所示，地面为水泥砂浆地面，铺设找平层和混凝土垫层，内外墙均为 240mm，轴线居中。试计算其水泥砂浆楼地面工程量。

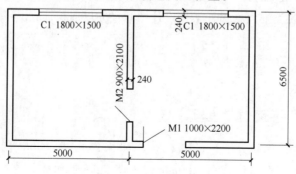

图 5-2　某建筑平面图

【解】

清单工程量 = (5-0.12×2)×(6.5-0.12×2)×2

$\quad\quad\quad\quad\quad$ = 4.76×6.26×2

$\quad\quad\quad\quad\quad$ ≈ 59.6（m²）

实例 3　某住宅楼整体面层的工程量计算

某住宅楼一层住户平面图如图 5-3 所示。已知内、外墙厚均为 240mm，地面做法如下：300mm 厚 3∶7 灰土垫层，60mm 厚 C15 细石混凝土找平层，细石混凝土现场搅拌，20mm 厚 1∶3 水泥砂浆面层。试计算其工程量。

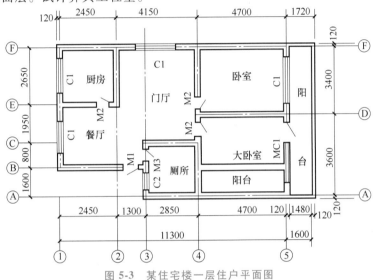

图 5-3　某住宅楼一层住户平面图

【解】

（1）厨房面层工程量

$S_1 = (2.45-0.24)×(2.65-0.24)$

$\quad = 2.21×2.41$

$\quad = 5.3261（m²）$

（2）餐厅面层工程量

$S_2 = (2.45+1.3-0.24)×(0.8+1.95-0.24)$

$\quad = 3.51×2.51$

$\quad = 8.8101（m²）$

（3）门厅面层工程量

$S_3 = (4.15-0.24)×(1.95+2.65-0.24)-(1.3-0.24)×(1.95-0.24)$

$\quad = 3.91×4.36-1.06×1.71$

$\quad = 17.0476-1.8126$

$\quad = 15.235（m²）$

（4）厕所面层工程量

$S_4 = (2.85-0.24)×(1.6+0.8-0.24)$

$\quad = 2.61×2.16$

$\quad = 5.6376（m²）$

（5）卧室面层工程量

$S_5 = (4.7-0.24) \times (3.4-0.24)$

　　$= 4.46 \times 3.16$

　　$= 14.0936$（m^2）

（6）大卧室面层工程量

$S_6 = (4.7-0.24) \times (3.6-0.24)$

　　$= 4.46 \times 3.36$

　　$= 14.9856$（m^2）

（7）阳台面层工程量

$S_7 = (1.6-0.12) \times (3.6+3.4)$

　　$= 1.48 \times 7$

　　$= 10.36$（m^2）

（8）整体面层工程量

$S_总 = S_1 + S_2 + S_3 + S_4 + S_5 + S_6 + S_7$

　　$= 5.3261 + 8.8101 + 15.235 + 5.6376 + 14.0936 + 14.9856 + 10.36$

　　≈ 74.45（m^2）

清单工程量见表5-9。

表 5-9　第 5 章实例 3 清单工程量

项目编码	项目名称	项目特征描述	工程量合计	计量单位
011101001001	水泥砂浆楼地面	1. 灰土垫层：3∶7 水泥砂浆，300mm 厚 2. 找平层：C15 细石混凝土，60mm 厚 3. 面层：1∶3 水泥砂浆，20mm 厚	74.45	m²

实例 4　某房间铺贴大理石和做现浇水磨石板整体面层的工程量计算

某房间平面图如图 5-4 所示，外墙外侧宽为 370mm，内墙内侧宽为 120mm。房间内有一

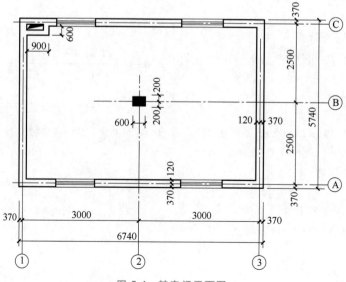

图 5-4　某房间平面图

长 600mm、宽 400mm 的矩形支柱。试分别计算此房间铺贴大理石和做现浇水磨石板整体面层时的工程量。

【解】

（1）铺贴大理石地面面层

$$S_{大石} = (3+3-0.12×2)×(2.5+2.5-0.12×2)-0.9×0.6-0.4×0.6$$
$$= 5.76×4.76-0.54-0.24$$
$$≈ 26.64 （m^2）$$

（2）现浇水磨石整体面层

$$S_{水石} = (3+3-0.12×2)×(2.5+2.5-0.12×2)-0.9×0.6$$
$$= 5.76×4.76-0.54$$
$$≈ 26.88 （m^2）$$

实例 5　某装饰工程二层大厅大理石地面的工程量计算

某装饰工程二层大厅楼地面面积为 460m²，设计为大理石拼花图案，地面中有直径为 1.4m 的混凝土柱 10 根，楼面水泥砂浆找平层 18mm 厚。大理石图案为圆形，直径为 1.6m，图案外边线 2.4m×2.4m，共 6 个，其余为规格块料点缀图案，规格块料 550mm×550mm，点缀 134 个，规格为 95mm×95mm。试计算其工程量。

【解】

$$大理石地面工程量 = 460-10×3.14×0.7^2$$
$$= 460-15.386$$
$$≈ 444.61 （m^2）$$

清单工程量见表 5-10。

表 5-10　第 5 章实例 5 清单工程量

项目编码	项目名称	项目特征描述	工程量合计	计量单位
011102001001	石材楼地面	1. 面层形式、材料种类、规格:大理石地面拼花图案、规格块料、点缀 2. 结合层材料种类:水泥砂浆	444.61	m²

实例 6　某卫生间地面铺贴的工程量计算

某卫生间地面铺贴示意图如图 5-5 所示，墙厚 240mm，门洞口宽度均是 1200mm，其地面做法为：清理基层，刷素水泥浆，用 1:3 水泥砂浆粘贴马赛克面层，500mm×500mm 拖布池。试计算其工程量。

【解】

$$卫生间地面铺贴工程量 = (3.2×2-0.24)×(2.8-0.24)+(3.4-0.24)×$$
$$(3.2-0.24)×2+1.2×0.24×2-0.5×0.5$$
$$= 15.7696+18.7072+0.576-0.25$$
$$≈ 34.8 （m^2）$$

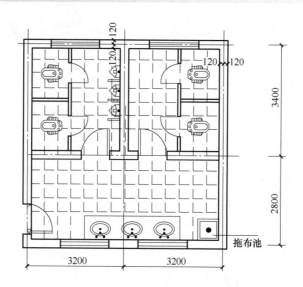

图 5-5　某卫生间地面铺贴示意图

清单工程量见表 5-11。

表 5-11　第 5 章实例 6 清单工程量

项目编码	项目名称	项目特征描述	工程量合计	计量单位
011102003001	块料楼地面	1. 面层材料种类：陶瓷锦砖 2. 结合层材料种类：1∶3 水泥砂浆	34.8	m²

实例 7　某会议室地面铺贴的工程量计算

某会议室地面铺贴示意图如图 5-6 所示。其地面做法为：拆除原有架空木地板，清理基层；用塑料胶粘剂粘贴防静电地毯面层。根据图示尺寸，试计算其工程量。

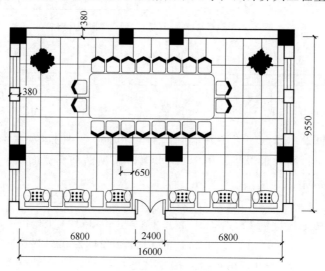

图 5-6　某会议室地面铺贴示意图

【解】

地面铺贴工程量 = 16×9.55-[0.65×0.65×2+(0.65-0.38)×0.65×4]+0.38×2.4

　　　　　　　= 152.8-(0.845+0.702)+0.912

　　　　　　　≈ 152.17 (m²)

清单工程量见表 5-12。

表 5-12　第 5 章实例 7 清单工程量

项目编码	项目名称	项目特征描述	工程量合计	计量单位
011104001001	地毯楼地面	1. 拆除带木龙骨地板 2. 面层材料种类:防静电地毯 3. 黏结材料种类:塑料胶粘剂	152.17	m²

实例 8　某房屋石材踢脚线的工程量计算

已知某房屋平面示意图如图 5-7 所示，室内水泥砂浆粘贴 170mm 高石材踢脚板，试计算其工程量。

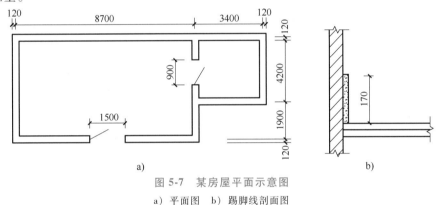

图 5-7　某房屋平面示意图

a) 平面图　b) 踢脚线剖面图

【解】

踢脚线工程量 = [(8.7-0.24+6.1-0.24)×2+(4.2-0.24+3.4-0.24)×2-1.5-

　　　　　　　0.9×2+0.12×6]×0.17

　　　　　　= (28.64+14.24-1.5-1.8+0.72)×0.17

　　　　　　≈ 6.85 (m²)

清单工程量见表 5-13。

表 5-13　第 5 章实例 8 清单工程量

项目编码	项目名称	项目特征描述	工程量合计	计量单位
011105002001	石材踢脚线	1. 踢脚线:高度 170mm 2. 粘结层:水泥砂浆	6.85	m²

实例 9　某楼地面踢脚线、木地板的工程量计算

某居室地面施工图如图 5-8 所示，木踢脚线高 150mm，试按成品和非成品计算楼地面踢脚线、木地板的工程量。

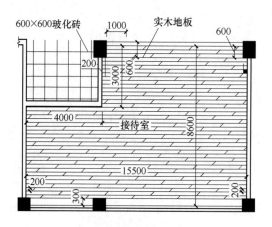

图 5-8　某居室地面施工图

【解】

成品木踢脚线工程量 = (8.6+15.5)×2+0.3×2-1

$\qquad$ = 48.2+0.6-1

$\qquad$ = 47.8（m）

非成品木踢脚线工程量 = 47.8×0.15 = 7.17（m²）

木地板工程量 = 8.6×15.5-3×4-0.6×0.2×2-0.2×0.3×2-0.3×0.6

$\qquad$ = 133.3-12-0.24-0.12-0.18

$\qquad$ = 120.76（m²）

实例 10　某办公楼四层楼梯水磨石面层的工程量计算

某办公楼四层楼梯平面示意图如图 5-9 所示，试计算楼梯水磨石面层工程量。

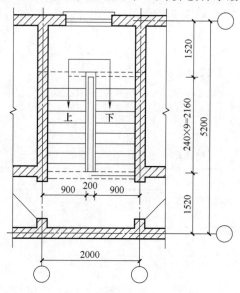

图 5-9　某办公楼四层楼梯平面示意图

【解】

楼梯水磨石面层工程量 = (2-0.24)×(2.16+1.52-0.24)
　　　　　　　　　　 = 1.76×3.44
　　　　　　　　　　 ≈ 6.05（m²）

实例 11　某楼梯木扶手带铁栏杆的工程量计算

某楼梯木扶手铁栏杆示意图如图5-10所示，踏步高为150mm，宽为300mm，共11个踏步4层，楼梯井宽400mm，试计算其工程量。

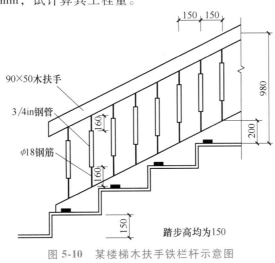

图 5-10　某楼梯木扶手铁栏杆示意图

(1in = 0.0254m)

【解】

（1）踏步投影长 $L = 0.3×(11+1) = 3.6$（m）

（2）扶手高 $H = 0.15×(11+1) = 1.8$（m）

（3）扶手斜长 $L = \sqrt{3.6^2+1.8^2} ≈ 4.025$（m）

（4）楼梯井宽 = 0.4（m）

（5）总长度 $L = (4.025+0.4)×2×(4-1)+1.6 = 28.15$（m）

（6）弯头 = 11（个）

实例 12　某花岗石台阶装饰面层的工程量计算

根据图5-11的尺寸计算花岗石台阶面层工程量。

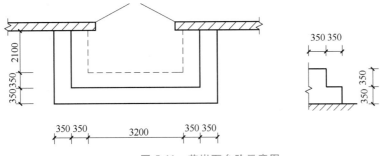

图 5-11　花岗石台阶示意图

【解】

花岗石台阶面层工程量 $=[(0.35×2+3.2)+(0.35+2.1)×2]×0.35×2$

$=(3.9+4.9)×0.7$

$=6.16（m^2）$

实例 13　某小便池釉面砖装饰面层及拖把池装饰面层的工程量计算

某小便池釉面砖装饰示意图如图 5-12 所示，试计算小便池釉面砖装饰面层及拖把池装饰面层的工程量。

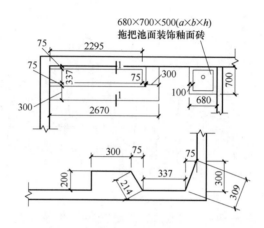

图 5-12　小便池釉面砖装饰示意图

【解】

（1）小便池釉面砖工程量

$S=(2.295×2+0.075)×0.309÷2+(0.337×2+0.075×2)×0.214÷2+$

$\quad(2.295×2+0.075)×0.214÷2+0.337×0.2+0.337×2.295$

$\approx0.721+0.088+0.499+0.0674+0.773$

$\approx2.15（m^2）$

（2）拖把池装饰面层工程量

$S=(0.68+0.7)×0.5+(0.68+0.7-0.1×4)×0.5×2+0.68×0.7$

$=0.69+0.98+0.476$

$\approx2.15（m^2）$

实例 14　某建筑大理石台阶的工程量计算

某建筑大理石台阶示意图如图 5-13 所示。入口地面做法为：清理基层，刷素水泥浆，1：3 水泥砂浆，水泥砂浆粘贴 650mm×650mm 大理石地面及大理石台阶。试计算其工程量。

【解】

（1）石材楼地面工程量 $=(1.75-0.38)×(5.9-0.38×6)$

$=1.37×3.62$

$\approx4.96（m^2）$

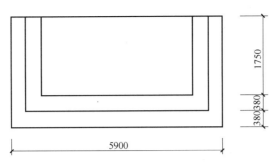

图 5-13 某建筑大理石台阶示意图

（2）石材台阶面工程量 = (1.75+0.38×2)×5.9-4.96

$$= 2.51×5.9-4.96$$

$$\approx 9.85 \ (m^2)$$

清单工程量见表 5-14。

表 5-14 第 5 章实例 14 清单工程量

项目编码	项目名称	项目特征描述	工程量合计	计量单位
011102001001	石材楼地面	1. 面层材料品种、规格:650mm×650mm 大理石板 2. 结合层材料种类:1:3 水泥砂浆	4.96	m²
011107001001	石材台阶面	1. 面层材料品种、规格:大理石板 2. 结合层材料种类:1:3 水泥砂浆	9.85	m²

实例 15 某建筑物地面采用水泥砂浆花岗石的工程量计算

某建筑物平面示意图如图 5-14 所示，建筑物地面 1:2 水泥砂浆 550mm×550mm 花岗石，踢脚线高 200mm，用同种花岗石铺贴；地面找平层 1:3 水泥砂浆 25mm 厚，墙厚 240mm。试计算其工程量（门的宽度：M1 为 1.30m；M2 为 1.10m；M3 为 0.80m；M4 为 1.30m）。

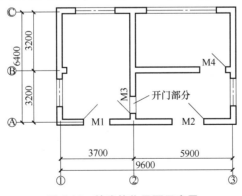

图 5-14 某建筑物平面示意图

【解】

（1）花岗石地面工程量 = (9.6+0.24)×(6.4+0.24)-[(9.6+6.4)×2+

$$6.4-0.24+5.9-0.24]×0.24$$

$$= 65.3376-43.82×0.24$$

$$\approx 54.82 \ (m^2)$$

（2）踢脚线工程量 $=[(3.7-0.24)\times2+(6.4-0.24)\times2+(5.9-0.24)\times4+$

$(3.2-0.24)\times4-(1.3+1.1+0.8+1.3)+0.24\times4]\times0.2$

$=(6.92+12.32+22.64+11.84-4.5+0.96)\times0.2$

≈10.04 （m²）

清单工程量见表 5-15。

表 5-15 第 5 章实例 15 清单工程量

项目编码	项目名称	项目特征描述	工程量合计	计量单位
011102003001	块料楼地面	1∶3 水泥砂浆找平层厚 25mm,1∶2 水泥砂浆铺贴花岗石（550mm×550mm）	54.82	m²
011105003001	块料踢脚线	1∶2 水泥砂浆铺贴花岗石,高 200mm	10.04	m²

第6章 墙、柱面装饰与隔断、幕墙工程

6.1 墙、柱面装饰与隔断、幕墙工程清单工程量计算规则

1. 墙面抹灰

墙面抹灰工程量清单项目的设置、项目特征描述的内容、计量单位、工程量计算规则应按表 6-1 执行。

表 6-1 墙面抹灰（编码：011201）

项目编码	项目名称	项目特征	计量单位	工程量计算规则	工程内容
011201001	墙面一般抹灰	1. 墙体类型 2. 底层厚度、砂浆配合比 3. 面层厚度、砂浆配合比 4. 装饰面材料种类 5. 分格缝宽度、材料种类	m²	按设计图示尺寸以面积计算。扣除墙裙、门窗洞口及单个 >0.3m² 的孔洞面积，不扣除踢脚线、挂镜线和墙与构件交接处的面积，门窗洞口和孔洞的侧壁及顶面不增加面积。附墙柱、梁、垛、烟囱侧壁并入相应的墙面面积内。 1. 外墙抹灰面积按外墙垂直投影面积计算 2. 外墙裙抹灰面积按其长度乘以高度计算 3. 内墙抹灰面积按主墙间的净长乘以高度计算 （1）无墙裙的，高度按室内楼地面至天棚底面计算 （2）有墙裙的，高度按墙裙顶至天棚底面计算 （3）有吊顶天棚抹灰，高度算至天棚底 4. 内墙裙抹灰面按内墙净长乘以高度计算	1. 基层清理 2. 砂浆制作、运输 3. 底层抹灰 4. 抹面层 5. 抹装饰面 6. 勾分格缝
011201002	墙面装饰抹灰				
011201003	墙面勾缝	1. 勾缝类型 2. 勾缝材料种类			1. 基层清理 2. 砂浆制作、运输 3. 抹灰找平
011201004	立面砂浆找平层	1. 基层类型 2. 找平的砂浆厚度、配合比			1. 基层清理 2. 砂浆制作、运输 3. 勾缝

注：1. 立面砂浆找平项目适用于仅做找平层的立面抹灰。

2. 墙面抹石灰砂浆、水泥砂浆、混合砂浆、聚合物水泥砂浆、麻刀石灰浆、石膏灰浆等按本表中墙面一般抹灰列项；墙面水刷石、斩假石、干粘石、假面砖等按"墙面抹灰"中墙面装饰抹灰列项。

3. 飘窗凸出外墙面增加的抹灰并入外墙工程量内。

4. 有吊顶天棚的内墙面抹灰，抹至吊顶以上部分在综合单价中考虑。

2. 柱（梁）面抹灰

柱（梁）面抹灰工程量清单项目的设置、项目特征描述的内容、计量单位、工程量计算规则应按表 6-2 执行。

表 6-2 柱（梁）面抹灰（编码：011202）

项目编码	项目名称	项目特征	计量单位	工程量计算规则	工程内容
011202001	柱、梁面一般抹灰	1. 柱体类型 2. 底层厚度、砂浆配合比 3. 面层厚度、砂浆配合比 4. 装饰面材料种类 5. 分格缝宽度、材料种类	m²	1. 柱面抹灰：按设计图示柱断面周长乘高度以面积计算 2. 梁面抹灰：按设计图示梁断面周长乘长度以面积计算	1. 基层清理 2. 砂浆制作、运输 3. 底层抹灰 4. 抹面层 5. 勾分格缝
011202002	柱、梁面装饰抹灰				
011202003	柱、梁面砂浆找平	1. 柱体类型 2. 找平的砂浆厚度、配合比			1. 基层清理 2. 砂浆制作、运输 3. 抹灰找平
011202004	柱、梁面勾缝	1. 勾缝类型 2. 勾缝材料种类		按设计图示柱断面周长乘高度以面积计算	1. 基层清理 2. 砂浆制作、运输 3. 勾缝

注：1. 砂浆找平项目适用于仅做找平层的柱、梁面抹灰。
    2. 柱（梁）面抹石灰砂浆、水泥砂浆、混合砂浆、聚合物水泥砂浆、麻刀石灰浆、石膏灰浆等按本表中"柱、梁面一般抹灰"编码列项；柱、梁面水刷石、斩假石、干粘石、假面砖等按本表中"柱、梁面装饰抹灰"的项目编码列项。

3. 零星抹灰

零星抹灰工程量清单项目的设置、项目特征描述的内容、计量单位、工程量计算规则应按表 6-3 执行。

表 6-3 零星抹灰（编码：011203）

项目编码	项目名称	项目特征	计量单位	工程量计算规则	工程内容
011203001	零星项目一般抹灰	1. 墙体类型 2. 底层厚度、砂浆配合比 3. 面层厚度、砂浆配合比 4. 装饰面材料种类 5. 分格缝宽度、材料种类	m²	按设计图示尺寸以面积计算	1. 基层清理 2. 砂浆制作、运输 3. 底层抹灰 4. 抹面层 5. 抹装饰面 6. 勾分格缝
011203002	零星项目装饰抹灰				
011203003	零星项目砂浆找平	1. 基层类型 2. 找平的砂浆厚度、配合比			1. 基层清理 2. 砂浆制作、运输 3. 抹灰找平

注：1. 零星项目抹石灰砂浆、水泥砂浆、混合砂浆、聚合物水泥砂浆、麻刀石灰浆、石膏灰浆等按本表中"零星项目一般抹灰"的编码列项，水刷石、斩假石、干粘石、假面砖等按本表中零星项目装饰抹灰编码列项。
    2. 墙、柱（梁）面≤0.5m² 的少量分散的抹灰按本表中"零星抹灰"的项目编码列项。

4. 墙面块料面层

墙面块料面层工程量清单项目的设置、项目特征描述的内容、计量单位、工程量计算规则应按表 6-4 执行。

表 6-4　墙面块料面层（编码：011204）

项目编码	项目名称	项目特征	计量单位	工程量计算规则	工程内容
011204001	石材墙面	1. 墙体类型 2. 安装方式 3. 面层材料品种、规格、颜色 4. 缝宽、嵌缝材料种类 5. 防护材料种类 6. 磨光、酸洗、打蜡要求	m²	按镶贴表面积计算	1. 基层清理 2. 砂浆制作、运输 3. 粘结层铺贴 4. 面层安装 5. 嵌缝 6. 刷防护材料 7. 磨光、酸洗、打蜡
011204002	拼碎石材墙面				
011204003	块料墙面				
011204004	干挂石材钢骨架	1. 骨架种类、规格 2. 防锈漆品种遍数	t	按设计图示以质量计算	1. 骨架制作、运输、安装 2. 刷漆

注：1. 在描述碎块项目的面层材料特征时可不用描述规格、品牌、颜色。

2. 石材、块料与粘结材料的结合面刷防渗材料的种类在防护层材料种类中描述。

3. 安装方式可描述为砂浆或胶粘剂粘贴、挂贴、干挂等，不论哪种安装方式，都要详细描述与组价相关的内容。

5. 柱（梁）面镶贴块料

柱（梁）面镶贴块料工程量清单项目的设置、项目特征描述的内容、计量单位、工程量计算规则应按表 6-5 执行。

表 6-5　柱（梁）面镶贴块料（编码：011205）

项目编码	项目名称	项目特征	计量单位	工程量计算规则	工程内容
011205001	石材柱面	1. 柱截面类型、尺寸 2. 安装方式 3. 面层材料品种、规格、颜色 4. 缝宽、嵌缝材料种类 5. 防护材料种类 6. 磨光、酸洗、打蜡要求	m²	按镶贴表面积计算	1. 基层清理 2. 砂浆制作、运输 3. 粘结层铺贴 4. 面层安装 5. 嵌缝 6. 刷防护材料 7. 磨光、酸洗、打蜡
011205002	块料柱面				
011205003	拼碎块柱面				
011205004	石材梁面	1. 安装方式 2. 面层材料品种、规格、颜色 3. 缝宽、嵌缝材料种类 4. 防护材料种类 5. 磨光、酸洗、打蜡要求			
011205005	块料梁面				

注：1. 在描述碎块项目的面层材料特征时可不用描述规格、品牌、颜色。

2. 石材、块料与粘结材料的结合面刷防渗材料的种类在防护层材料种类中描述。

3. 柱梁面干挂石材的钢骨架按表 6-4 相应项目编码列项。

6. 镶贴零星块料

镶贴零星块料工程量清单项目的设置、项目特征描述的内容、计量单位、工程量计算规则应按表 6-6 执行。

7. 墙饰面

墙饰面工程量清单项目的设置、项目特征描述的内容、计量单位、工程量计算规则应按表 6-7 执行。

表 6-6　镶贴零星块料（编码：011206）

项目编码	项目名称	项目特征	计量单位	工程量计算规则	工程内容
011206001	石材零星项目	1. 基层类型、部位 2. 安装方式 3. 面层材料品种、规格、颜色 4. 缝宽、嵌缝材料种类 5. 防护材料种类 6. 磨光、酸洗、打蜡要求	m²	按镶贴表面积计算	1. 基层清理 2. 砂浆制作、运输 3. 面层安装 4. 嵌缝 5. 刷防护材料 6. 磨光、酸洗、打蜡
011206002	块料零星项目				
011206003	拼碎块零星项目				

注：1. 在描述碎块项目的面层材料特征时可不用描述规格、品牌、颜色。
　　2. 石材、块料与粘结材料的结合面刷防渗材料的种类在防护层材料种类中描述。
　　3. 零星项目干挂石材的钢骨架按表 6-4 相应项目编码列项。
　　4. 墙柱面≤0.5m² 的少量分散的镶贴块料面层应按零星项目执行。

表 6-7　墙饰面（编码：011207）

项目编码	项目名称	项目特征	计量单位	工程量计算规则	工程内容
011207001	墙面装饰板	1. 龙骨材料种类、规格、中距 2. 隔离层材料种类、规格 3. 基层材料种类、规格 4. 面层材料品种、规格、颜色 5. 压条材料种类、规格	m²	按设计图示墙净长乘净高以面积计算。扣除门窗洞口及单个>0.3m² 的孔洞所占面积	1. 基层清理 2. 龙骨制作、运输、安装 3. 钉隔离层 4. 基层铺钉 5. 面层铺贴
011207002	墙面装饰浮雕	1. 基层类型 2. 浮雕材料种类 3. 浮雕样式		按设计图示尺寸以面积计算	1. 基层清理 2. 材料制作、运输 3. 安装成型

8. 柱（梁）饰面

柱（梁）饰面工程量清单项目的设置、项目特征描述的内容、计量单位、工程量计算规则应按表 6-8 执行。

表 6-8　柱（梁）饰面（编码：011208）

项目编码	项目名称	项目特征	计量单位	工程量计算规则	工程内容
011208001	柱（梁）面装饰	1. 龙骨材料种类、规格、中距 2. 隔离层材料种类 3. 基层材料种类、规格 4. 面层材料品种、规格、颜色 5. 压条材料种类、规格	m²	按设计图示饰面外围尺寸以面积计算。柱帽、柱墩并入相应柱饰面工程量内	1. 清理基层 2. 龙骨制作、运输、安装 3. 钉隔离层 4. 基层铺钉 5. 面层铺贴
011208002	成品装饰柱	1. 柱截面、高度尺寸 2. 柱材质	1. 根 2. m	1. 以根计算，按设计数量计算 2. 以米计算，按设计长度计算	柱运输、固定、安装

9. 幕墙工程

幕墙工程工程量清单项目的设置、项目特征描述的内容、计量单位、工程量计算规则应按表 6-9 执行。

表 6-9 幕墙工程（编码：011209）

项目编码	项目名称	项目特征	计量单位	工程量计算规则	工程内容
011209001	带骨架幕墙	1. 骨架材料种类、规格、中距 2. 面层材料品种、规格、颜色 3. 面层固定方式 4. 隔离带、框边封闭材料品种、规格 5. 嵌缝、塞口材料种类	m²	按设计图示框外围尺寸以面积计算。与幕墙同种材质的窗所占面积不扣除	1. 骨架制作、运输、安装 2. 面层安装 3. 隔离带、框边封闭 4. 嵌缝、塞口 5. 清洗
011209002	全玻（无框玻璃）幕墙	1. 玻璃品种、规格、颜色 2. 粘结塞口材料种类 3. 固定方式		按设计图示尺寸以面积计算。带肋全玻幕墙按展开面积计算	1. 幕墙安装 2. 嵌缝、塞口 3. 清洗

注：幕墙钢骨架按表 6-4 干挂石材钢骨架编码列项。

10. 隔断

隔断工程量清单项目的设置、项目特征描述的内容、计量单位、工程量计算规则应按表 6-10 执行。

表 6-10 隔断（编码：011210）

项目编码	项目名称	项目特征	计量单位	工程量计算规则	工程内容
011210001	木隔断	1. 骨架、边框材料种类、规格 2. 隔板材料品种、规格、颜色 3. 嵌缝、塞口材料品种 4. 压条材料种类	m²	按设计图示框外围尺寸以面积计算。不扣除单个≤0.3m²的孔洞所占面积；浴厕门的材质与隔断相同时，门的面积并入隔断面积内	1. 骨架及边框制作、运输、安装 2. 隔板制作、运输、安装 3. 嵌缝、塞口 4. 装钉压条
011210002	金属隔断	1. 骨架、边框材料种类、规格 2. 隔板材料品种、规格、颜色 3. 嵌缝、塞口材料品种			1. 骨架及边框制作、运输、安装 2. 隔板制作、运输、安装 3. 嵌缝、塞口
011210003	玻璃隔断	1. 边框材料种类、规格 2. 玻璃品种、规格、颜色 3. 嵌缝、塞口材料品种		按设计图示框外围尺寸以面积计算。不扣除单个≤0.3m²的孔洞所占面积	1. 边框制作、运输、安装 2. 玻璃制作、运输、安装 3. 嵌缝、塞口
011210004	塑料隔断	1. 边框材料种类、规格 2. 隔板材料品种、规格、颜色 3. 嵌缝、塞口材料品种			1. 骨架及边框制作、运输、安装 2. 隔板制作、运输、安装 3. 嵌缝、塞口
011210005	成品隔断	1. 隔断材料品种、规格、颜色 2. 配件品种、规格	1. m² 2. 间	1. 按设计图示框外围尺寸以面积计算 2. 按设计间的数量以间计	1. 隔断运输、安装 2. 嵌缝、塞口
011210006	其他隔断	1. 骨架、边框材料种类、规格 2. 隔板材料品种、规格、颜色 3. 嵌缝、塞口材料品种	m²	按设计图示框外围尺寸以面积计算。不扣除单个≤0.3m²的孔洞所占面积	1. 骨架及边框安装 2. 隔板安装 3. 嵌缝、塞口

6.2 墙、柱面装饰与隔断、幕墙工程定额工程量计算规则

1. 定额说明

1）《房屋建筑与装饰工程消耗量》（TY 01—31—2021）墙、柱面装饰与隔断、幕墙工程包括抹灰、墙面块料面层、柱面镶贴块料、镶贴零星块料、墙饰面、柱饰面、幕墙工程、隔断共八节。

2）圆弧形、锯齿形、异型等不规则墙面抹灰、镶贴块料、幕墙人工及机械按相应项目乘以系数1.15。

3）干挂石材、面砖、陶土板骨架及玻璃幕墙型钢骨架，均按干挂石材钢骨架项目执行。预埋铁件按"混凝土及钢筋混凝土工程"铁件制作安装项目执行。

4）女儿墙无泛水挑砖者，人工及机械乘以系数1.10，按墙面相应项目执行；女儿墙带泛水挑砖者，人工及机械乘以系数1.30，按墙面相应项目执行；女儿墙外侧并入外墙计算。

5）抹灰。

① 墙面抹灰项目中砂浆强度等级设计与消耗量不同时，按设计要求调整；如设计厚度与取定厚度不同者，按墙面一般抹灰每增减1mm项目调整。

② 与墙相连的梁、柱侧面抹灰并入相应墙面项目执行。

③ 抹灰工程的"零星抹灰"适用于各种壁柜、碗柜、飘窗板、阳台栏板、空调搁板、暖气罩、出屋面烟气道、通气道、附墙烟道、垃圾道等孔洞内侧以及面积≤0.5m²的其他各种零星抹灰。

④ 抹灰工程的线条适用于门窗套、挑檐、腰线、压顶、遮阳板外边、宣传栏边框以及凸出墙面单面宽度在500mm以内的竖横线条等项目的抹灰，单面宽度超过500mm分别按楼地面、墙柱面及天棚相应抹灰项目执行。

⑤ 抹灰项目的工作内容已包括搭拆脚手架及支模板产生孔洞的修补堵眼，对拉螺栓堵眼另按"混凝土及钢筋混凝土工程"对拉螺栓堵眼增加费项目执行。

⑥ 墙面抹灰包括分格缝，如设计要求嵌（填）分格缝者，按本章外墙面嵌（填）分格缝增加费项目计取嵌缝增加费。

⑦ 墙面抹灰中的轻质墙是指轻质条板隔墙，即用轻质条板组装的非承重内隔墙，如混凝土轻质条板、玻璃纤维增强水泥条板、玻璃纤维增强石膏空心条板、钢丝（钢丝网）增强水泥条板、硅镁加气混凝土空心条板、复合夹芯条板等隔墙。

6）玻化砖、干挂玻化砖或玻岩板按面砖相应项目执行。

7）梁面镶贴块料按相应柱面镶贴块料项目人工、机械乘以系数1.15。

8）镶贴块料中砂浆结合层厚度除石材综合考虑外，其他镶贴块料均按15mm考虑，设计厚度与取定厚度不同者，按墙面一般抹灰每增减1mm项目调整。

9）镶贴零星块料适用于挑檐、天沟、腰线、窗台线、门窗套、飘窗板、空调搁板、压顶、扶手、雨篷周边和壁柜、碗柜等。

10）除已列有挂贴石材柱帽、柱墩项目外，其他项目的柱帽、柱墩并入相应柱面积内，每个柱帽或柱墩另增人工：抹灰0.25工日，块料0.38工日，饰面0.5工日。

11）木龙骨基层是按双向计算的，如设计为单向时，人工、材料乘以系数0.55。

12）柱饰面。

① 圆柱包铜饰面按相应的圆柱包不锈钢板饰面项目执行。

② 钢龙骨圆柱包不锈钢板饰面，不分结构柱为方形或圆形，均执行同一项目。

③ 柱饰面除玻璃饰面项目外，其他材料饰面项目均未包括压条、装饰线或封边包角线条，设计要求时，按"其他装饰工程"中墙面相应项目人工、机械乘以系数1.20。

④ 柱饰面在胶合板或抹灰面上粘贴玻璃按墙饰面相应项目人工、机械乘以系数1.20。

⑤ 成品装饰柱项目已包含柱帽、柱墩安装。

13）幕墙、隔断。

① 幕墙如设计为曲面、异型或者斜面，按相应项目人工乘以系数1.15。

② 玻璃幕墙中的玻璃按成品玻璃考虑；幕墙的封边、封顶的费用按相应项目另行计算。型钢、挂件设计用量与取定用量不同时，按设计要求调整。

③ 幕墙饰面中的结构胶与耐候胶设计用量与取定用量不同时，用量按设计计算的用量加15%的施工损耗计算。

④ 型材弧形拉弯增加费按照型材弧形部分长度或重量套用相应项目计算，若型材材料价格已考虑拉弯费用，则不另行计算。型材弧形拉弯增加费项目只考虑人工、机械增加费用。

⑤ 点支式玻璃幕墙钢结构桁架安装按"金属结构工程"相应项目计算。

⑥ 单元式幕墙是指由各种面板与支承框架在工厂制成，形成完整的幕墙结构基本单位后，运至施工现场直接安装在主体结构上的建筑幕墙。单元板块使用材料材质不同时，可按设计调整单元板块材料用量，其他不变。槽型埋件及连接件适用于单元式幕墙在钢筋混凝土或钢结构中预置。

⑦ 玻璃幕墙开启窗面积并入幕墙计算，增加的人工费及五金配件套用相应项目计算，增加的型材用量并入相应幕墙项目中。

⑧ 隔墙按隔断相应项目执行。

⑨ 面层、隔墙（间壁）、隔断（护壁）项目内，除注明者外均未包括压边、收边、装饰线（板），如设计要求时，应按"其他装饰工程"相应项目执行；浴厕隔断已综合了隔断门所增加的工料。

⑩ 隔墙（间壁）、隔断（护壁）、幕墙等项目中龙骨间距、规格如与设计不同时，按设计要求调整。

14）本章设计要求做防火、防腐处理者，应按"油漆、涂料、裱糊工程"相应项目执行。

2. 工程量计算规则

（1）抹灰

1）内墙面、墙裙抹灰按设计图示结构尺寸以面积计算，扣除门窗洞口和单个面积＞0.3m² 的空圈所占的面积，不扣除踢脚线、挂镜线及单个面积≤0.3m² 的孔洞和墙与构件交接处的面积。门窗洞口、空圈、孔洞的侧壁面积也不增加，附墙柱的侧面抹灰应并入墙面、墙裙抹灰工程量内计算。

2）内墙面、墙裙的长度以主墙间的图示净长计算，墙面高度按室内地面或楼面至天棚底面净高计算，墙面抹灰面积应扣除墙裙抹灰面积，如墙面和墙裙抹灰种类相同者，工程量合并计算。

3）外墙抹灰面积按垂直投影面积计算，应扣除门窗洞口、外墙裙（墙面和墙裙抹灰种类相同者应合并计算）和单个面积>0.3m²的孔洞所占面积，不扣除单个面积≤0.3m²的孔洞所占面积，门窗洞口及孔洞侧壁面积也不增加。附墙柱侧面抹灰面积应并入外墙面抹灰工程量内。

4）女儿墙（包括泛水、挑砖）内侧、阳台栏板（不扣除花格所占孔洞面积）内侧与阳台栏板外侧抹灰工程量按其垂直投影面积计算。

5）柱抹灰按结构断面周长乘以抹灰高度计算。

6）线条抹灰按设计图示尺寸以长度计算。

7）外墙面嵌（填）分格缝增加费按设计图示尺寸以长度计算。

8）"零星项目"按设计图示尺寸以展开面积计算。

（2）块料面层

1）挂贴石材零星项目中柱墩、柱帽是按圆弧形成品考虑的，按其圆的最大外径以周长计算；其他类型的柱帽、柱墩工程量按设计图示尺寸以展开面积计算。

2）镶贴块料面层按镶贴表面积计算。

3）柱镶贴块料面层按设计图示饰面外围尺寸乘以高度以面积计算。

4）女儿墙（包括泛水、挑砖）内侧、阳台栏板（不扣除花格所占孔洞面积）内侧与阳台栏板外侧镶贴块料按展开面积计算。

（3）墙饰面、柱饰面

1）龙骨、基层、面层墙饰面项目按设计图示饰面尺寸以面积计算，扣除门窗洞口及单个面积>0.3m²的空圈所占的面积，不扣除单个面积≤0.3m²的孔洞所占面积，门窗洞口及孔洞侧壁面积也不增加。

2）柱饰面的龙骨、基层、面层按设计图示饰面尺寸以面积计算，柱帽、柱墩并入相应柱面积计算。

3）成品装饰柱按设计图示数量计算。

（4）幕墙、隔断

1）玻璃幕墙、铝板幕墙以框外围面积计算，如设计为曲面，按其展开面积计算；半玻隔断、全玻幕墙如有加强肋者，工程量按其展开面积计算。

2）幕墙防火隔离带按其设计图示尺寸以延长米计算。

3）幕墙与建筑物的封顶、封边按设计图示尺寸以面积计算。

4）幕墙、门窗铝型材龙骨弧形拉弯按其设计图示尺寸以延长米计算。幕墙钢型材弧形拉弯按设计图示尺寸以理论质量计算。

5）单元式幕墙的工程量按图示尺寸的外围面积计算，不扣除幕墙区域设置的窗面积。槽型预埋件及T形转接件螺栓安装的工程量按设计图示数量计算。

6）玻璃幕墙开启窗人工及五金增加费按开启窗的设计图示数量计算。

7）幕墙铝骨架调整按铝骨架的设计图示尺寸以理论质量计算。

8）隔断按设计图示框外围尺寸以面积计算，扣除门窗洞口及单个面积>0.3m²的孔洞所占面积。

6.3 墙、柱面装饰与隔断、幕墙工程工程量清单编制实例

实例1 某砖混结构工程内、外墙抹灰的工程量计算

某砖混结构示意图如图6-1所示，外墙面抹水泥砂浆，底层1:3水泥砂浆打底，14mm厚；面层为1:2水泥砂浆抹面，6mm厚。外墙裙水刷石，1:3水泥砂浆打底，12mm厚；刷素水泥浆2遍；1:2.5水泥白石子，10mm厚。挑檐水刷白石子，厚度与配合比均与定额相同。内墙面抹1:2水泥砂浆打底，1:3石灰砂浆找平层，麻刀石灰浆面层，共20mm厚。内墙裙采用1:3水泥砂浆打底，19mm厚，1:2.5水泥砂浆面层，6mm厚。试计算内、外墙抹灰工程量。

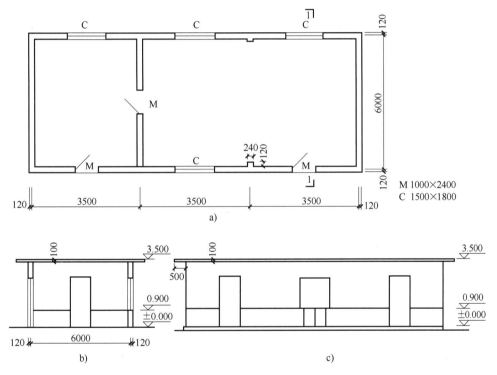

图6-1 某砖混结构示意图

a）平面图 b）1-1剖面图 c）立面图

【解】

（1）内墙

内墙面抹灰工程量 = 内墙面面积 - 门窗洞口和空圈所占面积 + 墙垛、附墙烟囱侧壁面积

$$= [(3.5\times3-0.24\times2+0.12\times2)\times2+(6-0.24)\times4]\times$$
$$(3.5-0.1-0.9)-1.0\times(2.4-0.9)\times4-1.5\times1.8\times4$$
$$= (20.52+23.04)\times2.5-6-10.8$$
$$= 92.1 \ (m^2)$$

内墙裙抹灰工程量=内墙面净长度×内墙裙抹灰高度-门窗洞口和空圈所占面积+墙垛、附墙烟囱侧壁面积

$$= [(3.5×3-0.24×2+0.12×2)×2+(6-0.24)×4-1×4]×0.9$$
$$= (20.52+23.04-4)×0.9$$
$$≈ 35.6 (m^2)$$

（2）外墙

外墙面水泥砂浆工程量$= (3.5×3+0.24+6+0.24)×2×(3.5-0.1-0.9)-$
$$1×(2.4-0.9)×2-1.5×1.8×4$$
$$= 84.9-3-10.8$$
$$= 71.1 (m^2)$$

外墙裙水刷白石子工程量$= [(3.5×3+0.24+6+0.24)×2-1×2]×0.9≈28.76 (m^2)$

实例2　某工程室内墙面一般抹灰的工程量计算

如图6-2所示，室内墙面为1:2水泥砂浆打底，1:3石灰砂浆找平层，麻刀石灰浆面层共18mm厚。墙裙高度800mm，采用1:3水泥砂浆打底（14mm厚），1:2.5水泥砂浆面层（6mm厚），试计算其工程量。（其中，门扇居中，门框80mm厚，门洞尺寸：1200mm×2200mm，窗尺寸：1500mm×1800mm）

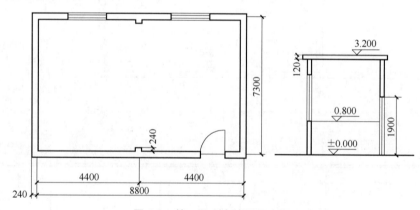

图6-2　某工程室内墙面示意图

【解】
墙面抹灰工程量$= [(8.8-0.24)+(7.3-0.24)]×2×(3.2-0.12-0.8)-$
$$1.2×(1.9-0.8)-1.5×1.8×2+0.12×2×(3.2-0.12-0.8)×2$$
$$= 71.2272-1.32-5.4+1.0944$$
$$≈ 65.6 (m^2)$$
墙裙抹灰工程量$= \{[(8.8-0.24)+(7.3-0.24)]×2-1.2+0.08×2+0.12×2×2\}×0.8$
$$= (31.24-1.2+0.16+0.48)×0.8$$
$$≈ 24.54 (m^2)$$

实例3　某外墙面抹灰和外墙裙及挑檐装饰抹灰的工程量计算

某工程外墙示意图如图6-3所示，外墙面抹水泥砂浆，底层为1:3水泥砂浆打底14mm厚，面层为1:2水泥砂浆抹面6mm厚；外墙裙水刷石，1:3水泥砂浆打底12mm厚，素水

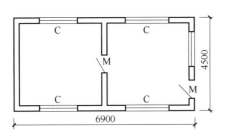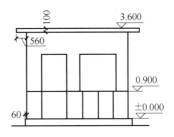

图 6-3 某工程外墙示意图

泥浆两遍，1∶2.5 水泥白石子 10mm 厚，挑檐水刷白石，计算外墙面抹灰和外墙裙及挑檐装饰抹灰工程量。

M：1000mm×2500mm 共 2 个

C：1200mm×1500mm 共 5 个

【解】

（1）外墙面水泥砂浆工程量

$S = (6.9+4.5)×2×(3.6-0.1-0.9)-1×(2.5-0.9)-1.2×1.5×5$

$= 59.28-1.6-9$

$= 48.68$ （m²）

（2）外墙裙水泥白石子工程量

$S = [(6.9+4.5)×2-1]×0.9$

$= 21.8×0.9$

$= 19.62$ （m²）

（3）挑檐水刷石工程量

$S = [(6.9+4.5)×2+0.06×8]×(0.1+0.04)$

$= (22.8+0.48)×0.14$

$≈ 3.26$ （m²）

实例 4 某室外圆柱面装饰抹灰的工程量计算

某室外 6 个直径为 1.75m 的圆柱，如图 6-4 所示，高度是 6.3m，设计为斩假石柱面，试计算其工程量。

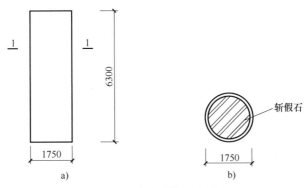

图 6-4 室外圆柱示意图

a）立面图　b）1-1 剖面图

【解】

圆柱面装饰抹灰工程量 = 3.14×1.75×6.3×6 ≈ 207.71（m^2）

清单工程量见表 6-11。

表 6-11　第 6 章实例 4 清单工程量

项目编码	项目名称	项目特征描述	工程量合计	计量单位
011202002001	柱面装饰抹灰	1. 柱体类型：砖混凝土柱体 2. 材料种类、配合比、厚度：1∶3 水泥砂浆，厚 12mm； 1∶1.5 水泥白石子浆，厚 10mm	207.71	m^2

实例 5　某大型影剧院墙体的工程量计算

某大型影剧院示意图如图 6-5 所示，为达到一定的听觉效果，墙体设计为锯齿形，外墙干挂石材，且要求密封。关于影院的所有数据已经在图 6-5 中标明，根据已知条件，试计算清单工程量、芝麻白大理石以及印度红花岗石的定额工程量。

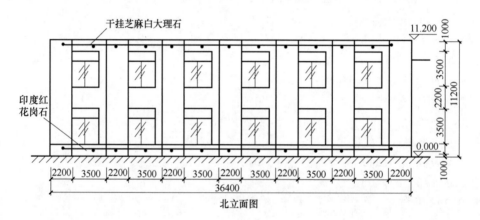

北立面图

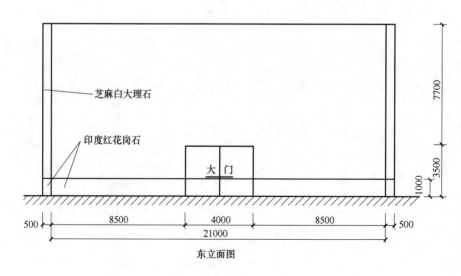

东立面图

图 6-5　某大型影剧院示意图

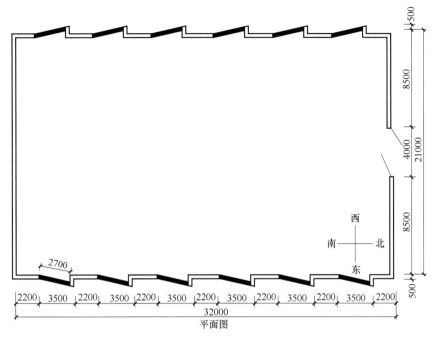

图 6-5 某大型影剧院示意图（续）

【解】

（1）定额工程量

1）芝麻白大理石

$$S = (2.2 \times 7.7 + \sqrt{3.5^2 + 0.5^2} \times 6 + 0.5 \times 6) \times 2 \times (11.2 - 1) - 2.7 \times 3.5 \times 12 \times 2 +$$
$$\quad 21 \times 2 \times (11.2 - 1) - 4 \times (3.5 - 1)$$
$$\approx 839.521 - 226.8 + 428.4 - 10$$
$$\approx 1031.12 \ (\text{m}^2)$$

2）印度红花岗石

$$S = (2.2 \times 7.7 + \sqrt{3.5^2 + 0.5^2} \times 6 + 0.5 \times 6) \times 2 \times 1 + (21 \times 2 - 4) \times 1$$
$$\approx 82.306 + 38$$
$$\approx 120.31 \ (\text{m}^2)$$

（2）清单工程量

$$S = (2.2 \times 7.7 + \sqrt{3.5^2 + 0.5^2} \times 6 + 0.5 \times 6 + 21) \times 2 \times 11.2 - 2.7 \times 3.5 \times 12 \times 2 - 4 \times 3.5$$
$$\approx 1392.227 - 226.8 - 14$$
$$\approx 1151.43 \ (\text{m}^2)$$

清单工程量见表 6-12。

表 6-12 第 6 章实例 5 清单工程量

项目编码	项目名称	项目特征描述	工程量合计	计量单位
011204001001	石材墙面	1. 面层材料种类:芝麻白大理石、印度红花岗石 2. 表面:表面密缝	1151.43	m²

实例6 某小型住宅外墙的工程量计算

某小型住宅平面图如图 6-6 所示,已知该住宅外墙顶面标高为 3.2m,设计外墙面 1:1:6 混合砂浆打底 15mm 厚,水泥膏贴纸皮条形瓷砖,室外地坪标高为-0.400m。门尺寸 1000mm× 2000mm;窗尺寸 C1:1100mm×1500mm、C2:1600mm×1500mm、C3:1800mm×1500mm;门、窗框厚均按 90mm 计,安装于墙体中间,墙厚 240mm。试计算其工程量。

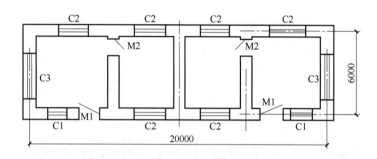

图 6-6 某小型住宅平面图

【解】

(1) 贴面砖定额工程量

1) 外墙底层抹灰工程量 $=(20+0.24+6+0.24)\times2\times(3.2+0.4)-1\times2\times2-$
$$(1.1\times2+1.6\times6+1.8\times2)\times1.5$$
$$=190.656-4-23.1$$
$$=163.56 \ (m^2)$$

2) 门窗侧壁增加面积:

$S_{门}=(0.24-0.09)\div2\times2\times4+(0.24-0.09)\div2\times1\times2$

$=0.6+0.15$

$=0.75 \ (m^2)$

$S_{窗}=(0.24-0.09)\div2\times[(1.8+1.5)\times2\times2+(1.1+1.5)\times2\times2+(1.6+1.5)\times2\times6]$

$=0.15\div2\times(13.2+10.4+37.2)$

$=4.56 \ (m^2)$

3) 贴面砖工程量 $=163.56+0.75+4.56=168.87 \ (m^2)$

(2) 清单工程量

外墙块料面层工程量 $=163.56 \ (m^2)$

清单工程量见表 6-13。

表 6-13 第 6 章实例 6 清单工程量

项目编码	项目名称	项目特征描述	工程量合计	计量单位
011204003001	块料墙面	1. 块料面层墙体类型:砖墙体 2. 底层厚度、砂浆配合比 1:1:6 混合砂浆打底,15mm 厚 3. 面层材料:纸条形瓷砖	163.56	m²

实例 7 圆柱挂贴柱面花岗石及成品花岗石线条的工程量计算

已知一圆柱，高为 3.1m，如图 6-7 所示，试计算挂贴柱面花岗石及成品花岗石线条工程量。

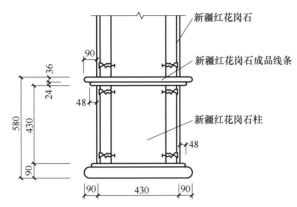

图 6-7 挂贴柱面花岗石及成品花岗石线条大样图

【解】

（1）挂贴花岗石柱的工程量 = 3.14×0.43×3.1 ≈ 4.19（m²）

（2）挂贴花岗石零星项目 = 3.14×（0.43+0.09×2）×2+3.14×（0.43+0.048×2）×2

$$= 3.8308+3.30328$$

$$≈ 7.13（m）$$

实例 8 某单位大门砖柱的工程量计算

某单位大门砖柱面层尺寸示意图如图 6-8 所示，共有大门砖柱 6 根，面层水泥砂浆贴玻璃马赛克，试计算其工程量。

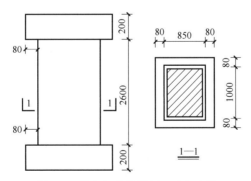

图 6-8 某大门砖柱面层尺寸示意图

【解】

（1）柱面工程量 =（0.85+1）×2×2.6×6 = 57.72（m²）

（2）压顶及柱脚工程量 = [（1.01+1.16）×2×0.2+（0.93+1.08）×2×0.08]×2×6

$$=（0.868+0.3216）×12$$

$$≈ 14.28（m²）$$

实例9 某房屋外墙水刷白石子的工程量计算

某房屋示意图如图6-9所示，外墙为混凝土墙面，设计为1∶3水泥砂浆粘贴12mm厚水刷白石子，1∶1.5水泥白石子浆10mm厚，试计算其工程量。

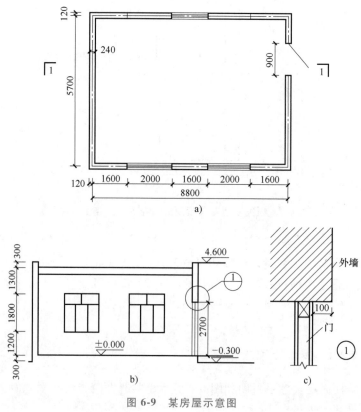

图6-9 某房屋示意图

a）平面图 b）1-1剖面图 c）节点详图

【解】

外墙水刷白石子工程量 = (8.8+0.12×2+5.7+0.12×2)×2×(4.6+0.3)−1.8×2×3−0.9×2.7

$\qquad$ = 146.804−10.8−2.43

$\qquad$ ≈ 133.57（m^2）

实例10 某会议室墙面装饰的工程量计算

某会议室示意图如图6-10所示，试计算A立面墙面装饰的工程量。

【解】

（1）墙面轻钢龙骨工程量 = (1+0.27)×2×3.8 ≈ 9.65（m^2）

（2）墙面石膏板面层工程量 = (1+0.27)×2×3.68 ≈ 9.35（m^2）

（3）墙面石膏板基层工程量 = 2.93×3.8×2 ≈ 22.27（m^2）

（4）墙面丝绒饰面工程量 = 2.93×3.68×2 ≈ 21.56（m^2）

（5）墙面30mm×40mm木龙骨平均中距400mm×400mm工程量 = [(0.27+1+0.09)×2+4.64]×3.8 ≈ 27.97(m^2)

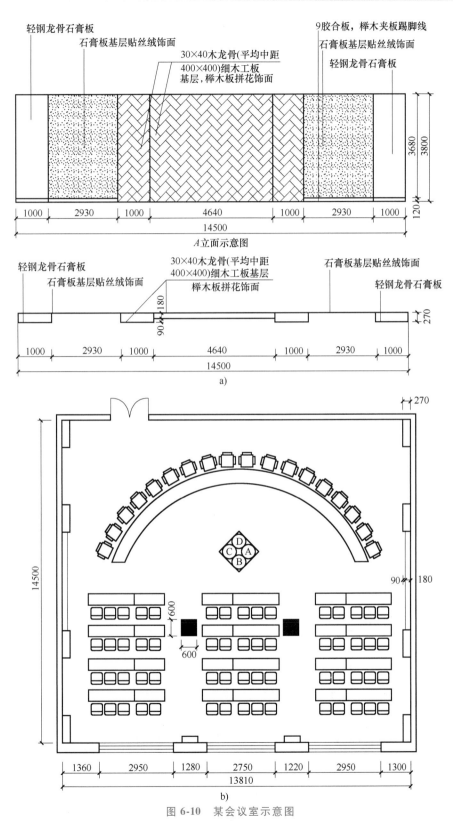

图 6-10 某会议室示意图

a) A立面剖面大样图 b) 平面布置图

（6）墙面细木工板基层工程量 $=[(0.27+1+0.09)×2+4.64]×3.8≈27.97$（$m^2$）

（7）墙面榉木拼花面层工程量 $=[(0.27+1+0.09)×2+4.64]×3.8≈27.97$（$m^2$）

（8）9mm胶合板榉木夹板踢脚线工程量 $=[(1+0.27)×2+2.93×2]×0.12$

$$=(2.54+5.86)×0.12$$

$$≈1.01（m^2）$$

实例11 某变电室外墙面砖的工程量计算

某变电室外墙面示意图如图6-11所示，M：1600mm×2100mm；C1：1600mm×1600mm；C2：1300mm×900mm；门窗侧面宽度120mm，外墙水泥砂浆粘贴规格250mm×120mm瓷质外墙砖，灰缝5mm，试计算外墙面砖工程量。

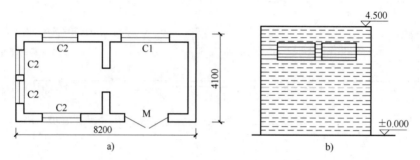

图6-11 某变电室外墙面示意图（单位：mm）

a）平面图 b）立面图

【解】

外墙面砖工程量 $=(8.2+4.1)×2×4.5-1.6×2.1-1.6×1.6-1.3×0.9×4+$

$$[2.1×2+1.6×3+(1.3×2+0.9)×4]×0.12$$

$$=110.7-3.36-2.56-4.68+2.76$$

$$=102.86（m^2）$$

实例12 某金属隔断的工程量计算

某铝合金玻璃隔断示意图如图6-12所示，根据图中已知条件，试计算其工程量。

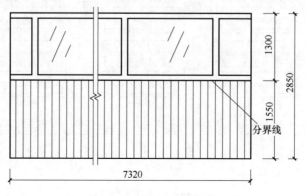

图6-12 某铝合金玻璃隔断示意图

【解】

铝合金玻璃隔断工程量 = (1.55+1.3)×7.32 ≈ 20.86 (m²)

清单工程量见表 6-14。

表 6-14　第 6 章实例 12 清单工程量

项目编码	项目名称	项目特征描述	工程量合计	计量单位
011210002001	金属隔断	铝合金玻璃隔断	20.86	m²

实例 13　不锈钢钢化玻璃隔断的工程量计算

不锈钢钢化玻璃隔断示意图如图 6-13 所示，根据图中已知条件，试计算其工程量。

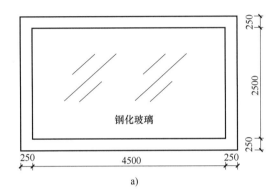

a)

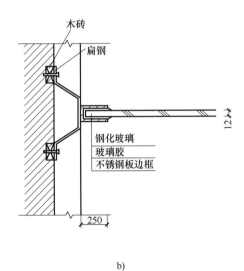

b)

图 6-13　不锈钢钢化玻璃隔断示意图
a）立面图　b）剖面图

【解】

（1）定额工程量

1）不锈钢边框

$S = 0.25 \times (4.5 + 0.25 \times 2 + 2.5) \times 2 \times 2 + 0.2 \times (4.5 + 2.5) \times 2$

$= 7.5 + 2.8$

$= 10.3$（m^2）

2）钢化玻璃

$S = 4.5 \times 2.5 = 11.25$（$m^2$）

（2）清单工程量

$S = (4.5 + 0.25 \times 2) \times (2.5 + 0.25 \times 2)$

$= 5 \times 3$

$= 15$（m^2）

清单工程量见表6-15。

表6-15　第6章实例13清单工程量

项目编码	项目名称	项目特征描述	工程量合计	计量单位
011210003001	玻璃隔断	1. 边框材料种类：杉木锯材、单独不锈钢边框 2. 玻璃品种、规格：12mm厚钢化玻璃 3. 嵌缝材料：玻璃胶	15	m^2

实例14　木骨架玻璃隔断的工程量计算

木骨架玻璃隔断示意图如图6-14所示，已知长为1900mm，宽为1500mm，试计算其工程量。

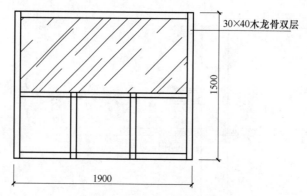

图6-14　木骨架玻璃隔断示意图

【解】

木骨架玻璃隔断工程量 = $1.9 \times 1.5 = 2.85$（m^2）

第7章 天 棚 工 程

7.1 天棚工程清单工程量计算规则

1. 天棚抹灰

天棚抹灰工程量清单项目的设置、项目特征描述的内容、计量单位、工程量计算规则应按表7-1执行。

表 7-1 天棚抹灰（编码：011301）

项目编码	项目名称	项目特征	计量单位	工程量计算规则	工程内容
011301001	天棚抹灰	1. 基层类型 2. 抹灰厚度、材料种类 3. 砂浆配合比	m²	按设计图示尺寸以水平投影面积计算。不扣除间壁墙、垛、柱、附墙烟囱、检查口和管道所占的面积，带梁天棚、梁两侧抹灰面积并入天棚面积内，板式楼梯底面抹灰按斜面积计算，锯齿形楼梯底板抹灰按展开面积计算	1. 基层清理 2. 底层抹灰 3. 抹面层

2. 天棚吊顶

天棚吊顶工程量清单项目的设置、项目特征描述的内容、计量单位、工程量计算规则应按表7-2执行。

表 7-2 天棚吊顶（编码：011302）

项目编码	项目名称	项目特征	计量单位	工程量计算规则	工程内容
011302001	吊顶天棚	1. 吊顶形式、吊杆规格、高度 2. 龙骨材料种类、规格、中距 3. 基层材料种类、规格 4. 面层材料品种、规格 5. 压条材料种类、规格 6. 嵌缝材料种类 7. 防护材料种类	m²	按设计图示尺寸以水平投影面积计算。天棚面中的灯槽及跌级、锯齿形、吊挂式、藻井式天棚面积不展开计算。不扣除间壁墙、检查口、附墙烟囱、柱垛和管道所占面积，扣除单个>0.3m²的孔洞、独立柱与天棚相连的窗帘盒所占的面积	1. 基层清理、吊杆安装 2. 龙骨安装 3. 基层板铺贴 4. 面层铺贴 5. 嵌缝 6. 刷防护材料
011302002	格栅吊顶	1. 龙骨材料种类、规格、中距 2. 基层材料种类、规格 3. 面层材料品种、规格 4. 防护材料种类		按设计图示尺寸以水平投影面积计算	1. 基层清理 2. 安装龙骨 3. 基层板铺贴 4. 面层铺贴 5. 刷防护材料

（续）

项目编码	项目名称	项目特征	计量单位	工程量计算规则	工程内容
011302003	吊筒吊顶	1. 吊筒形状、规格 2. 吊筒材料种类 3. 防护材料种类	m²	按设计图示尺寸以水平投影面积计算	1. 基层清理 2. 吊筒制作安装 3. 刷防护材料
011302004	藤条造型悬挂吊顶	1. 骨架材料种类、规格 2. 面层材料品种、规格			1. 基层清理 2. 龙骨安装 3. 铺贴面层
011302005	织物软雕吊顶				
011302006	装饰网架吊顶	网架材料品种、规格			1. 基层清理 2. 网架制作安装

3. 采光天棚工程

采光天棚工程工程量清单项目的设置、项目特征描述的内容、计量单位、工程量计算规则应按表7-3执行。

表7-3　采光天棚工程（编码：011303）

项目编码	项目名称	项目特征	计量单位	工程量计算规则	工程内容
011303001	采光天棚	1. 骨架类型 2. 固定类型、固定材料品种、规格 3. 面层材料品种、规格 4. 嵌缝、塞口材料种类	m²	按框外围展开面积计算	1. 清理基层 2. 面层制作安装 3. 嵌缝、塞口 4. 清洗

注：采光天棚骨架不包括在本节中，应单独按《房屋建筑与装饰工程工程量计算规范》（GB 50854—2013）附录F相关项目编码列项。

4. 天棚其他装饰

天棚其他装饰工程量清单项目的设置、项目特征描述的内容、计量单位、工程量计算规则应按表7-4执行。

表7-4　天棚其他装饰（编码：011304）

项目编码	项目名称	项目特征	计量单位	工程量计算规则	工程内容
011304001	灯带（槽）	1. 灯带型式、尺寸 2. 格栅片材料品种、规格 3. 安装固定方式	m²	按设计图示尺寸以框外围面积计算	安装、固定
011304002	送风口、回风口	1. 风口材料品种、规格 2. 安装固定方式 3. 防护材料种类	个	按设计图示数量计算	1. 安装、固定 2. 刷防护材料

7.2　天棚工程定额工程量计算规则

1. 定额说明

（1）《房屋建筑与装饰工程消耗量》（TY 01—31—2021）天棚工程包括天棚抹灰、天棚吊顶、天棚其他装饰共三节。

（2）抹灰项目中砂浆强度等级与设计不同时，可按设计要求予以换算；如设计厚度与取定厚度不同时，按相应项目调整。

（3）如混凝土天棚刷素水泥浆或界面剂，按"墙、柱面装饰与隔断、幕墙工程"相应项目人工乘以系数1.15。

（4）楼梯底板抹灰按本章相应项目执行，其中锯齿形楼梯按相应项目人工乘以系数1.35。

（5）平面与跌级天棚、艺术造型天棚。

1）平面与跌级天棚、艺术造型天棚均为天棚龙骨、基层、面层分别列项编制。

2）龙骨的种类、间距、规格和基层、面层材料的型号、规格是按常用材料和常用做法考虑的，如设计要求与消耗量不同时，材料可按设计调整，人工、机械不变。

3）天棚面层在同一标高者为平面天棚，天棚面层不在同一标高者为跌级天棚。跌级天棚其面层按相应项目人工乘以系数1.30。

4）轻钢龙骨、铝合金龙骨项目中龙骨按双层双向结构考虑，即中、小龙骨紧贴大龙骨底面吊挂，如为单层结构时，即大、中龙骨底面在同一水平上者，人工乘以系数0.85。

5）轻钢龙骨、铝合金龙骨项目中，如面层规格与消耗量不同时，按相近面积的项目执行。

6）轻钢龙骨和铝合金龙骨不上人型吊杆长度为0.6m，上人型吊杆长度为1.4m。吊杆长度与消耗量不同时可按实际调整，人工不变。

7）平面天棚和跌级天棚指一般直线形天棚，不包括灯光槽的制作、安装。灯光槽制作、安装应按本章相应项目执行。艺术造型天棚项目中包括灯光槽的制作、安装。

8）天棚面层不在同一标高，且高差在400mm以下、跌级三级以内的一般直线形平面天棚按跌级天棚相应项目执行；高差在400mm以上或跌级超过三级，以及圆弧形、拱形等造型天棚按艺术造型天棚相应项目执行。天棚检查孔的工料已包括在项目内，不另计算。

9）天棚检查孔的工料已包括在项目内，不另计算。

10）龙骨、基层、面层的防火处理及天棚龙骨的刷防腐油，石膏板刮嵌缝膏、贴绷带，按"油漆、涂料、裱糊工程"相应项目执行。

11）天棚压条、装饰线按"其他装饰工程"相应项目执行。

（6）龙骨吊挂天棚均按龙骨、面层合并列项编制。

2. 工程量计算规则

（1）天棚抹灰

1）天棚抹灰按设计图示结构尺寸以展开面积计算，不扣除间壁墙、垛、柱、附墙烟囱、检查口和管道所占的面积。

2）密肋梁、井字梁等板底梁，其梁底面抹灰并入天棚面积内套用相应项目；梁侧面抹灰按天棚相应项目乘以系数2.15。

3）伸出外墙的阳台、雨篷，其底面抹灰按外墙外侧设计图示尺寸以水平投影面积计算，执行天棚抹灰相应项目；阳台或雨篷悬挑梁底面抹灰并入阳台或雨篷面积内计算，梁侧面抹灰按天棚相应项目人工乘以系数2.15。

4）板式楼梯底面抹灰面积（包括踏步、休息平台以及宽度≤500mm的楼梯井）按水平投影面积乘以系数1.15计算，锯齿形楼梯底板抹灰面积（包括踏步、休息平台以及宽度≤500mm的楼梯井）按水平投影面积乘以系数1.37计算。

（2）天棚吊顶

1）天棚龙骨按主墙间水平投影面积计算，不扣除间壁墙、垛、附墙烟囱、检查口和管道所占的面积，扣除单个面积>0.3m²的独立柱、孔洞及与天棚相连的窗帘盒所占的面积。斜面龙骨按斜面计算。

2）天棚吊顶的基层和面层均按设计图示饰面尺寸以展开面积计算。天棚面中的灯槽及跌级、阶梯式、锯齿形、吊挂式、藻井式天棚面积按展开计算。不扣除间壁墙、垛、附墙烟囱、检查口和管道所占的面积，扣除单个面积>0.3m²的独立柱、孔洞及与天棚相连的窗帘盒所占的面积。

3）格栅吊顶、藤条造型悬挂吊顶、织物软雕吊顶和装饰网架吊顶，按主墙间水平投影面积计算。吊筒吊顶按最大外围水平投影尺寸以外接矩形面积计算。

（3）天棚其他装饰

1）悬挑式、附加式灯带（槽）按设计图示尺寸以框外围面积计算。

2）送风口、回风口及灯光孔按设计图示数量计算。

3）天棚固定检修道按设计尺寸以"延长米"计算，活动走道板按实际安装长度以"延长米"计算。

7.3 天棚工程工程量清单编制实例

实例 1 某钢筋混凝土天棚抹灰的工程量计算

某钢筋混凝土天棚示意图如图 7-1 所示，已知板厚 100mm，试计算其天棚抹灰工程量。

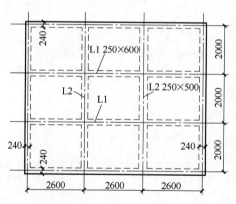

图 7-1 某钢筋混凝土天棚示意图

【解】

（1）主墙间净面积 = (2.6×3-0.24)×(2×3-0.24)

$$= 7.56×5.76$$

$$≈ 43.55 （m²）$$

（2）L1 侧面抹灰面积 = [(2.6-0.12-0.125)×2+(2.6-0.125×2)] × (0.6-0.1)×2×2

$$= (4.71+2.35)×2$$

$$= 14.12 （m²）$$

（3）L2 侧面抹灰面积 = [（2-0.12-0.125）×2+（2-0.125×2）]×（0.5-0.1）×2×2

= （3.51+1.75）×1.6

≈8.42（m²）

（4）天棚抹灰工程量 = 43.55+14.12+8.42=66.09（m²）

实例2　某工程现浇井字梁天棚的工程量计算

某工程现浇井字梁天棚示意图如图 7-2 所示，1∶0.5∶1 水泥石灰混合砂浆打底，1∶3∶9 水泥石灰砂浆找平，纸筋灰面层。已知：主梁、次梁的高与宽分别为 800mm×600mm、400mm×300mm，楼板厚 120mm，试计算其工程量。

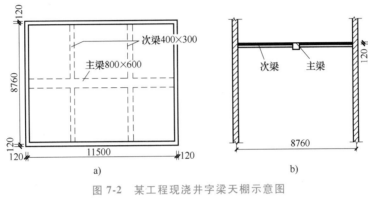

图 7-2　某工程现浇井字梁天棚示意图

a）平面图　b）剖面图

【解】

井字梁天棚抹灰工程量 = （11.5-0.24）×（8.76-0.24）+（11.5-0.24）×（0.8-0.12）×2+

（8.76-0.24-0.6）×（0.4-0.12）×2×2-0.3×（0.4-0.12）×4

= 95.9352+15.3136+8.8704-0.336

≈119.78（m²）

清单工程量见表 7-5。

表 7-5　第 7 章实例 2 清单工程量

项目编码	项目名称	项目特征描述	工程量合计	计量单位
011301001001	天棚抹灰	1∶0.5∶1 水泥石灰混合砂浆打底，1∶3∶9 水泥石灰砂浆找平，纸筋灰面层	119.78	m²

实例3　某办公室天棚的工程量计算

某办公室天棚平面示意图如图 7-3 所示。采用不上人型轻钢龙骨架，间距 450mm×460mm，采用石膏板面层，天棚设检查口一个（420mm×420mm），窗帘盒宽 200mm，高 400mm。试计算其工程量。

【解】

天棚吊顶工程量 = （5.95-0.2）×（3.15×2-0.24）

= 5.75×6.06

≈34.85（m²）

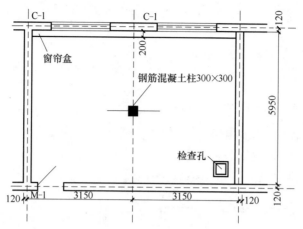

图 7-3 某办公室天棚平面示意图

清单工程量见表 7-6。

表 7-6 第 7 章实例 3 清单工程量

项目编码	项目名称	项目特征描述	工程量合计	计量单位
011302001001	吊顶天棚	1. 吊顶形式、吊杆规格、高度：不上人型轻钢龙骨架，间距 460mm×460mm 2. 面层材料品种：石膏板面层	34.85	m²

实例 4 某办公楼楼层走廊吊顶的工程量计算

某办公楼楼层走廊吊顶示意图如图 7-4 所示，试计算其工程量。

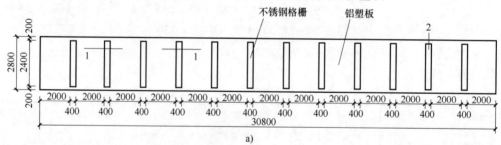

a)

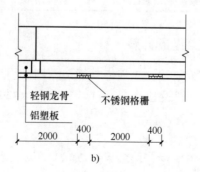

b)

图 7-4 某办公楼楼层走廊吊顶示意图

a）平面图 b）1-1 部分平面

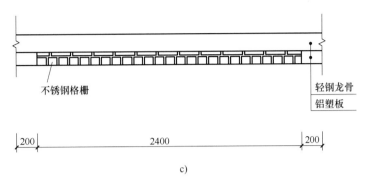

图 7-4 某办公楼楼层走廊吊顶示意图（续）

c）1-2 侧立面

【解】

（1）消耗量定额工程量

1）轻钢龙骨工程量 $= 30.8 \times 2.8 = 86.24$（$m^2$）

2）嵌入式不锈钢格栅工程量 $= 0.4 \times 2.4 \times 12 = 11.52$（$m^2$）

3）铝塑板工程量 $= 86.24 - 11.52 = 74.72$（m^2）

（2）清单工程量

天棚吊顶清单工程量 $= 30.8 \times 2.8 = 86.24$（$m^2$）

实例 5 某客厅天棚的工程量计算

某客厅不上人型轻钢龙骨石膏板吊顶示意图如图 7-5 所示，龙骨间距为 400mm×400mm，吊筋为 $\phi 8$，高 1m。试计算该天棚的工程量。

【解】

（1）由图 7-5 所示，该天棚有高低面，首先应判断天棚类型（级别）

1）天棚水平投影面积 $S = 6.96 \times 7.16 \approx 49.83$（$m^2$）

2）天棚凹进部分面积 $S = 5.36 \times 5.56 \approx 29.8$（$m^2$）

3）少数面积与该天棚总面积之比：

$$\frac{49.83 - 29.8}{49.83} \approx 40\% > 15\%$$

两部分面层的高差 150mm>100mm，故本客厅天棚属复杂型。

（2）天棚龙骨工程量

按计算规则，工程量为净面积的水平投影，即 49.83m^2。

（3）$\phi 8$ 吊筋工程量

因有高低差，吊筋高度不同，应分别计算：

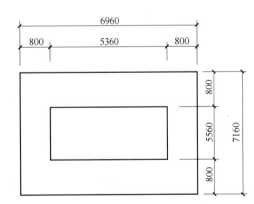

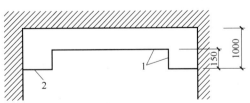

图 7-5 某客厅不上人型轻钢龙骨石膏板吊顶示意图

1—金属墙纸 2—织锦缎贴面

1）天棚四周 1m 高的天棚吊筋面积 $S = 49.83 - 29.8 = 20.03$（m^2）

2）凹进部分 0.85m 高的天棚吊筋面积为 29.8m^2。

（4）天棚面层工程量 $= 6.96 \times 7.16 + (5.36 + 5.56) \times 2 \times 0.15$

$$= 49.8336 + 3.276$$

$$\approx 53.11 \ （m^2）$$

实例 6　某室内预制板天棚上抹水泥砂浆的工程量计算

某装饰工程，室内预制板天棚抹水泥砂浆，图 7-6 所示为室内预制板天棚示意图，其中墙厚均为 240mm，天棚上的大梁尺寸为 160mm×250mm。试计算天棚上抹水泥砂浆的工程量。

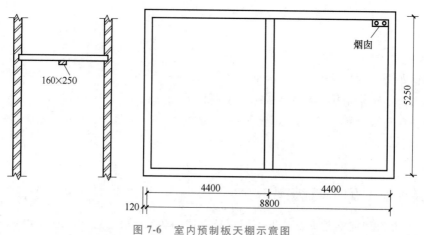

图 7-6　室内预制板天棚示意图

【解】

天棚上抹水泥砂浆工程量 $= (5.25 - 0.24) \times (4.4 \times 2 - 0.24) + 0.16 \times (5.25 - 0.24) \times 2$

$$= 42.8856 + 1.6032$$

$$\approx 44.49 \ （m^2）$$

实例 7　某大厦会议室天棚造型吊顶龙骨的工程量计算

某大厦会议室天棚造型吊顶平面图如图 7-7 所示，根据计算规则，试计算其龙骨工程量。

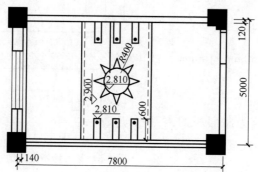

图 7-7　某大厦会议室天棚造型吊顶平面图

【解】

龙骨工程量 = (7.8-0.14-0.12)×(5-0.12×2)

　　　　　　 = 7.54×4.76

　　　　　　 ≈ 35.89 （m²）

实例 8　某酒店大包房天棚的工程量计算

某酒店大包房天棚示意图如图 7-8 所示，已知条件均已在图 7-8 中标明，现根据已知条件，试计算该天棚的整体工程量、窗帘盒工程量、独立柱工程量以及九夹板基层工程量。

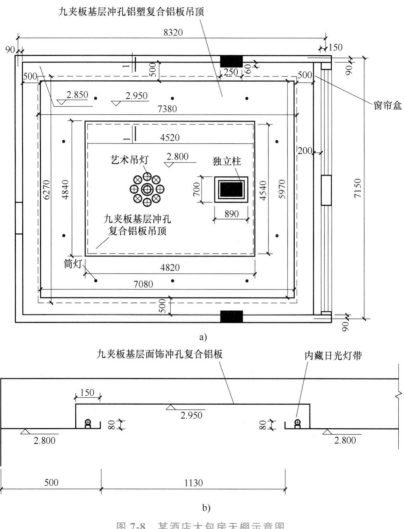

图 7-8　某酒店大包房天棚示意图

a）平面图　b）1-1 剖面图

【解】

（1）整体工程量 = (8.32-0.09-0.15)×(7.15-0.09×2)

　　　　　　　　 = 8.08×6.97

　　　　　　　　 ≈ 56.32 （m²）

（2）窗帘盒工程量 $= 0.2 \times (7.15 - 0.09 \times 2)$

$$= 0.2 \times 6.97$$

$$\approx 1.39 \ (m^2)$$

（3）独立柱工程量 $= 0.89 \times 0.7 \approx 0.62 \ (m^2)$

（4）九夹板立面展开部分工程量

$S = (2.95 - 2.8) \times [(7.38 + 6.27) \times 2 + (4.52 + 4.54) \times 2] + 0.08 \times$

$\quad [(7.08 + 5.97) \times 2 + (4.84 + 4.82) \times 2] + (7.38 \times 6.27 - 7.08 \times 5.97) +$

$\quad (4.84 \times 4.82 - 4.52 \times 4.54)$

$\quad = 6.813 + 3.6336 + 6.813$

$\quad \approx 17.26 \ (m^2)$

（5）天棚九夹板基层工程量 $= 56.32 - 1.39 - 0.62 + 17.26 = 71.57 \ (m^2)$

实例9　某天棚吊顶灯光槽及袋装矿棉的工程量计算

某天棚吊顶灯槽布置图如图7-9所示，只有灯槽位置不填充袋装矿棉，试根据已知条件计算灯光槽及袋装矿棉的工程量。

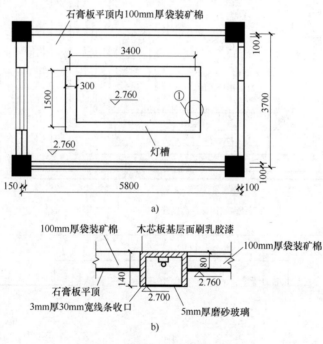

图 7-9　某天棚吊顶灯槽布置图

a）平面图　b）节点①

【解】

（1）灯光槽工程量 $= (3.4 + 1.5) \times 2 = 9.8 \ (m)$

（2）袋装矿棉工程量 $= [(3.7 - 0.2) \times (5.8 - 0.15 - 0.1)] - (3.4 + 1.5) \times 2 \times 0.3$

$$= 19.425 - 2.94$$

$$\approx 16.49 \ (m^2)$$

第8章 门窗工程

8.1 门窗工程清单工程量计算规则

1. 木门

木门工程量清单项目设置、项目特征描述的内容、计量单位及工程量计算规则应按表8-1中的规定执行。

表 8-1　木门（编号：010801）

项目编码	项目名称	项目特征	计量单位	工程量计算规则	工程内容
010801001	木质门	1. 门代号及洞口尺寸 2. 镶嵌玻璃品种、厚度	1. 樘 2. m²	1. 以樘计量，按设计图示数量计算 2. 以平方米计量，按设计图示洞口尺寸以面积计算	1. 门安装 2. 玻璃安装 3. 五金安装
010801002	木质门带套				
010801003	木质连窗门				
010801004	木质防火门				
010801005	木门框	1. 门代号及洞口尺寸 2. 框截面尺寸 3. 防护材料种类	1. 樘 2. m	1. 以樘计量，按设计图示数量计算 2. 以米计量，按设计图示框的中心线以延长米计算	1. 木门框制作、安装 2. 运输 3. 刷防护材料
010801006	门锁安装	1. 锁品种 2. 锁规格	个（套）	按设计图示数量计算	安装

注：1. 木质门应区分镶板木门、企口木板门、实木装饰门、胶合板门、夹板装饰门、木纱门、全玻门（带木质扇框）、木质半玻门（带木质扇框）等项目，分别编码列项。

2. 木门五金应包括：折页、插销、门碰珠、弓背拉手、搭机、木螺钉、弹簧折页（自动门）、管子拉手（自由门、地弹门）、地弹簧（地弹门）、角铁、门轧头（地弹门、自由门）等。

3. 木质门带套计量按洞口尺寸以面积计算，不包括门套的面积，但门套应计算在综合单价中。

4. 以樘计量，项目特征必须描述洞口尺寸；以平方米计量，项目特征可不描述洞口尺寸。

5. 单独制作安装木门框按木门框项目编码列项。

2. 金属门

金属门工程量清单项目设置、项目特征描述、计量单位及工程量计算规则应按表8-2中的规定执行。

3. 金属卷帘（闸）门

金属卷帘（闸）门工程量清单项目设置、项目特征描述、计量单位及工程量计算规则应按表8-3中的规定执行。

表 8-2 金属门（编号：010802）

项目编码	项目名称	项目特征	计量单位	工程量计算规则	工程内容
010802001	金属（塑钢）门	1. 门代号及洞口尺寸 2. 门框或扇外围尺寸 3. 门框、扇材质 4. 玻璃品种、厚度	1. 樘 2. m²	1. 以樘计量，按设计图示数量计算 2. 以平方米计，按设计图示洞口尺寸以面积计算	1. 门安装 2. 五金安装 3. 玻璃安装
010802002	彩板门	1. 门代号及洞口尺寸 2. 门框或扇外围尺寸			
010802003	钢质防火门	1. 门代号及洞口尺寸 2. 门框或扇外围尺寸 3. 门框、扇材质			1. 门安装 2. 五金安装
010802004	防盗门				

注：1. 金属门应区分金属平开门、金属推拉门、金属地弹门、全玻门（带金属扇框）、金属半玻门（带扇框）等项目，分别编码列项。
　　2. 铝合金门五金包括：地弹簧、门锁、拉手、门插、门铰、螺丝等。
　　3. 金属门五金包括 L 形执手插锁（双舌）、执手锁（单舌）、门轨头、地锁、防盗门机、门眼（猫眼）、门碰珠、电子锁（磁卡锁）、闭门器、装饰拉手等。
　　4. 以樘计量，项目特征必须描述洞口尺寸，没有洞口尺寸必须描述门框或扇外围尺寸，以平方米计量，项目特征可不描述洞口尺寸及框、扇的外围尺寸。
　　5. 以平方米计量，无设计图示洞口尺寸，按门框、扇外围以面积计算。

表 8-3 金属卷帘（闸）门（编号：010803）

项目编码	项目名称	项目特征	计量单位	工程量计算规则	工程内容
010803001	金属卷帘（闸）门	1. 门代号及洞口尺寸 2. 门材质 3. 启动装置品种、规格	1. 樘 2. m²	1. 以樘计量，按设计图示数量计算 2. 以平方米计量，按设计图示洞口尺寸以面积计算	1. 门运输、安装 2. 启动装置、活动小门、五金安装
010803002	防火卷帘（闸）门				

注：以樘计量，项目特征必须描述洞口尺寸；以平方米计量，项目特征可不描述洞口尺寸。

4. 厂库房大门、特种门

厂库房大门、特种门工程量清单项目设置、项目特征描述、计量单位及工程量计算规则应按表 8-4 的规定执行。

表 8-4 厂库房大门、特种门（编号：010804）

项目编码	项目名称	项目特征	计量单位	工程量计算规则	工程内容
010804001	木板大门	1. 门代号及洞口尺寸 2. 门框或扇外围尺寸 3. 门框、扇材质 4. 五金种类、规格 5. 防护材料种类	1. 樘 2. m²	1. 以樘计量，按设计图示数量计算 2. 以平方米计量，按设计图示洞口尺寸以面积计算	1. 门（骨架）制作、运输 2. 门、五金配件安装 3. 刷防护材料
010804002	钢木大门				
010804003	全钢板大门				
010804004	防护钢丝门			1. 以樘计量，按设计图示数量计算 2. 以平方米计量，按设计图示门框或扇以面积计算	
010804005	金属格栅门	1. 门代号及洞口尺寸 2. 门框或扇外围尺寸 3. 门框、扇材质 4. 启动装置的品种、规格		1. 以樘计量，按设计图示数量计算 2. 以平方米计量，按设计图示洞口尺寸以面积计算	1. 门安装 2. 启动装置、五金配件安装

（续）

项目编码	项目名称	项目特征	计量单位	工程量计算规则	工程内容
010804006	钢质花饰大门	1. 门代号及洞口尺寸 2. 门框或扇外围尺寸 3. 门框、扇材质	1. 樘 2. m²	1. 以樘计量，按设计图示数量计算 2. 以平方米计量，按设计图示门框或扇以面积计算	1. 门安装 2. 五金配件安装
010804007	特种门			1. 以樘计量，按设计图示数量计算 2. 以平方米计量，按设计图示洞口尺寸以面积计算	

注：1. 特种门应区分冷藏门、冷冻间门、保温门、变电室门、隔声门、防射线门、人防门、金库门等项目，分别编码列项。

2. 以樘计量，项目特征必须描述洞口尺寸，没有洞口尺寸必须描述门框或扇外围尺寸；以平方米计量，项目特征可不描述洞口尺寸及框、扇的外围尺寸。

3. 以平方米计量，无设计图示洞口尺寸，按门框、扇外围以面积计算。

5. 其他门

其他门工程量清单项目设置、项目特征描述、计量单位及工程量计算规则应按表8-5中的规定执行。

表8-5　其他门（编号：010805）

项目编码	项目名称	项目特征	计量单位	工程量计算规则	工程内容
010805001	电子感应门	1. 门代号及洞口尺寸 2. 门框或扇外围尺寸 3. 门框、扇材质 4. 玻璃品种、厚度 5. 启动装置的品种、规格 6. 电子配件品种、规格	1. 樘 2. m²	1. 以樘计量，按设计图示数量计算 2. 以平方米计量，按设计图示洞口尺寸以面积计算	1. 门安装 2. 启动装置、五金、电子配件安装
010805002	旋转门				
010805003	电子对讲门	1. 门代号及洞口尺寸 2. 门框或扇外围尺寸 3. 门材质 4. 玻璃品种、厚度 5. 启动装置的品种、规格 6. 电子配件品种、规格			
010805004	电动伸缩门				
010805005	全玻自由门	1. 门代号及洞口尺寸 2. 门框或扇外围尺寸 3. 框材质 4. 玻璃品种、厚度			1. 门安装 2. 五金安装
010805006	镜面不锈钢饰面门	1. 门代号及洞口尺寸 2. 门框或扇外围尺寸 3. 框、扇材质 4. 玻璃品种、厚度			
010805007	复合材料门				

注：1. 以樘计量，项目特征必须描述洞口尺寸，没有洞口尺寸必须描述门框或扇外围尺寸；以平方米计量，项目特征可不描述洞口尺寸及框、扇的外围尺寸。

2. 以平方米计量，无设计图示洞口尺寸，按门框、扇外围以面积计算。

6. 木窗

木窗工程量清单项目设置、项目特征描述、计量单位及工程量计算规则应按表8-6中的规定执行。

表8-6　木窗（编号：010806）

项目编码	项目名称	项目特征	计量单位	工程量计算规则	工程内容
010806001	木质窗	1. 窗代号及洞口尺寸 2. 玻璃品种、厚度 3. 防护材料种类	1. 樘 2. m²	1. 以樘计量，按设计图示数量计算 2. 以平方米计量，按设计图示洞口尺寸以面积计算	1. 窗安装 2. 五金、玻璃安装
010806002	木飘（凸）窗				
010806003	木橱窗	1. 窗代号 2. 框截面及外围展开面积 3. 玻璃品种、厚度 4. 防护材料种类		1. 以樘计量，按设计图示数量计算 2. 以平方米计量，按设计图示尺寸以框外围展开面积计算	1. 窗制作、运输、安装 2. 五金、玻璃安装 3. 刷防护材料
010806004	木纱窗	1. 窗代号及框的外围尺寸 2. 纱窗材料品种、规格		1. 以樘计量，按设计图示数量计算 2. 以平方米计量，按框的外围尺寸以面积计算	1. 窗安装 2. 五金安装

注：1. 木质窗应区分木百叶窗、木组合窗、木天窗、木固定窗、木装饰空花窗等项目，分别编码列项。
　　2. 以樘计量，项目特征必须描述洞口尺寸，没有洞口尺寸必须描述窗框外围尺寸；以平方米计量，项目特征可不描述洞口尺寸及框的外围尺寸。
　　3. 以平方米计量，无设计图示洞口尺寸，按窗框外围以面积计算。
　　4. 木橱窗、木飘（凸）窗以樘计量，项目特征必须描述框截面及外围展开面积。
　　5. 木窗五金包括：折页、插销、风钩、木螺钉、滑轮滑轨（推拉窗）等。

7. 金属窗

金属窗工程量清单项目设置、项目特征描述、计量单位及工程量计算规则应按表8-7中的规定执行。

表8-7　金属窗（编号：010807）

项目编码	项目名称	项目特征	计量单位	工程量计算规则	工程内容
010807001	金属（塑钢、断桥铝）窗	1. 窗代号及洞口尺寸 2. 框、扇材质 3. 玻璃品种、厚度	1. 樘 2. m²	1. 以樘计量，按设计图示数量计算 2. 以平方米计量，按设计图示洞口尺寸以面积计算	1. 窗安装 2. 五金、玻璃安装
010807002	金属防火窗				
010807003	金属百叶窗				
010807004	金属纱窗	1. 窗代号及洞口尺寸 2. 框材质 3. 窗纱材料品种、规格		1. 以樘计量，按设计图示数量计算 2. 以平方米计量，按框的外围尺寸以面积计算	
010807005	金属格栅窗	1. 窗代号及洞口尺寸 2. 框外围尺寸 3. 框、扇材质		1. 以樘计量，按设计图示数量计算 2. 以平方米计量，按设计图示洞口尺寸以面积计算	

（续）

项目编码	项目名称	项目特征	计量单位	工程量计算规则	工程内容
010807006	金属（塑钢、断桥）橱窗	1. 窗代号 2. 框外围展开面积 3. 框、扇材质 4. 玻璃品种、厚度 5. 防护材料种类	1. 樘 2. m²	1. 以樘计量，按设计图示数量计算 2. 以平方米计量，按设计图示尺寸以框外围展开面积计算	1. 窗制作、运输、安装 2. 五金、玻璃安装 3. 刷防护材料
010807007	金属（塑钢、断桥）飘（凸）窗	1. 窗代号 2. 框外围展开面积 3. 框、扇材质 4. 玻璃品种、厚度			1. 窗安装 2. 五金、玻璃安装
010807008	彩板窗	1. 窗代号及洞口尺寸 2. 框外围尺寸 3. 框、扇材质 4. 玻璃品种、厚度		1. 以樘计量，按设计图示数量计算 2. 以平方米计量，按设计图示洞口尺寸或框外围以面积计算	
010807009	复合材料窗				

注：1. 金属窗应区分金属组合窗、防盗窗等项目，分别编码列项。
　　2. 以樘计量，项目特征必须描述洞口尺寸，没有洞口尺寸必须描述窗框外围尺寸；以平方米计量，项目特征可不描述洞口尺寸及框的外围尺寸。
　　3. 以平方米计量，无设计图示洞口尺寸，按窗框外围以面积计算。
　　4. 金属橱窗、飘（凸）窗以樘计量，项目特征必须描述框外围展开面积。
　　5. 金属窗五金包括：折页、螺钉、执手、卡锁、铰拉、风撑、滑轮、滑轨、拉把、拉手、角码、牛角制等。

8. 门窗套

门窗套工程量清单项目设置、项目特征描述、计量单位及工程量计算规则应按表8-8中的规定执行。

表8-8　门窗套（编号：010808）

项目编码	项目名称	项目特征	计量单位	工程量计算规则	工程内容
010808001	木门窗套	1. 窗代号及洞口尺寸 2. 门窗套展开宽度 3. 基层材料种类 4. 面层材料品种、规格 5. 线条品种、规格 6. 防护材料种类	1. 樘 2. m² 3. m	1. 以樘计量，按设计图示数量计算 2. 以平方米计量，按设计图示尺寸以展开面积计算 3. 以米计量，按设计图示中心以延长米计算	1. 清理基层 2. 立筋制作、安装 3. 基层板安装 4. 面层铺贴 5. 线条安装 6. 刷防护材料
010808002	木筒子板	1. 筒子板宽度 2. 基层材料种类 3. 面层材料品种、规格 4. 线条品种、规格 5. 防护材料种类			
010808003	饰面夹板筒子板				
010808004	金属门窗套	1. 窗代号及洞口尺寸 2. 门窗套展开宽度 3. 基层材料种类 4. 面层材料品种、规格 5. 防护材料种类			1. 清理基层 2. 立筋制作、安装 3. 基层板安装 4. 面层铺贴 5. 刷防护材料

（续）

项目编码	项目名称	项目特征	计量单位	工程量计算规则	工程内容
010808005	石材门窗套	1. 窗代号及洞口尺寸 2. 门窗套展开宽度 3. 粘结层厚度、砂浆配合比 4. 面层材料品种、规格 5. 线条品种、规格	1. 樘 2. m² 3. m	1. 以樘计量，按设计图示数量计算 2. 以平方米计量，按设计图示尺寸以展开面积计算 3. 以米计量，按设计图示中心以延长米计算	1. 清理基层 2. 立筋制作、安装 3. 基层抹灰 4. 面层铺贴 5. 线条安装
010808006	门窗木贴脸	1. 门窗代号及洞口尺寸 2. 贴脸板宽度 3. 防护材料种类	1. 樘 2. m	1. 以樘计量，按设计图示数量计算 2. 以米计量，按设计图示尺寸以延长米计算	安装
010808007	成品木门窗套	1. 窗代号及洞口尺寸 2. 门窗套展开宽度 3. 门窗套材料品种、规格	1. 樘 2. m² 3. m	1. 以樘计量，按设计图示数量计算 2. 以平方米计量，按设计图示尺寸以展开面积计算 3. 以米计量，按设计图示中心以延长米计算	1. 清理基层 2. 立筋制作、安装 3. 板安装

注：1. 以樘计量，项目特征必须描述洞口尺寸、门窗套展开宽度。

2. 以平方米计量，项目特征可不描述洞口尺寸、门窗套展开宽度。

3. 以米计量，项目特征必须描述门窗套展开宽度、筒子板及贴脸宽度。

4. 木门窗套适用于单独门窗套的制作、安装。

9. 窗台板

窗台板工程量清单项目设置、项目特征描述、计量单位及工程量计算规则应按表 8-9 中的规定执行。

表 8-9　窗台板（编号：010809）

项目编码	项目名称	项目特征	计量单位	工程量计算规则	工程内容
010809001	木窗台板	1. 基层材料种类 2. 窗台面板材质、规格、颜色 3. 防护材料种类	m²	按设计图示尺寸以展开面积计算	1. 基层清理 2. 基层制作、安装 3. 窗台板制作、安装 4. 刷防护材料
010809002	铝塑窗台板				
010809003	金属窗台板				
010809004	石材窗台板	1. 粘结层厚度、砂浆配合比 2. 窗台板材质、规格、颜色			1. 基层清理 2. 抹找平层 3. 窗台板制作、安装

10. 窗帘、窗帘盒、轨

窗帘、窗帘盒、轨工程量清单项目设置、项目特征描述、计量单位及工程量计算规则应按表 8-10 中的规定执行。

表 8-10 窗帘、窗帘盒、轨（编号：010810）

项目编码	项目名称	项目特征	计量单位	工程量计算规则	工程内容
010810001	窗帘（杆）	1. 窗帘材质 2. 窗帘高度、宽度 3. 窗帘层数 4. 带幔要求	m	1. 以米计量，按设计图示尺寸以成活后长度计算 2. 以平方米计量，按图示尺寸以成活后展开面积计算	1. 制作、运输 2. 安装
010810002	木窗帘盒	1. 窗帘盒材质、规格 2. 防护材料种类		按设计图示尺寸以长度计算	1. 制作、运输、安装 2. 刷防护材料
010810003	饰面夹板、塑料窗帘盒				
010810004	铝合金窗帘盒				
010810005	窗帘轨	1. 窗帘轨材质、规格 2. 轨的数量 3. 防护材料种类			

注：1. 窗帘若是双层，项目特征必须描述每层材质。

　　2. 窗帘以米计量，项目特征必须描述窗帘高度和宽。

8.2 门窗工程定额工程量计算规则

1. 定额说明

《房屋建筑与装饰工程消耗量》（TY 01—31—2021）门窗工程包括木门及门框，金属门，金属卷帘（闸），厂库房大门、特种门，其他门，金属窗，门钢架、门窗套，窗台板，窗帘、窗帘盒、窗帘轨，门五金十节。

（1）木门及门框

套装木门安装包括门套和门扇的安装。

（2）金属门

1）铝合金门窗安装项目（固定窗、百叶窗除外）按隔热断桥铝合金型材考虑，当设计为普通铝合金型材时，按相应项目执行，其中人工乘以系数 0.80。

2）金属门连窗，门、窗应分别执行相应项目。

3）彩板钢窗附框安装执行彩板钢门附框安装项目。

4）钢制防盗门、防火门如用聚氨酯发泡密封胶（750mL/支）填缝，则去掉项目中的水泥砂浆，增加聚氨酯发泡密封胶 81.48 支/100m^2，人工不变。

5）钢制防盗门、防火门安装项目未包括门框灌浆，设计要求时需另外计算。

6）阳台封闭窗、转角窗安装执行相应飘凸窗安装项目。

（3）金属卷帘（闸）

1）金属卷帘（闸）项目是按卷帘侧装（即安装在洞口内侧或外侧）考虑的，当设计为中装（即安装在洞口中）时，按相应项目执行，其中人工乘以系数 1.10。

2）金属卷帘（闸）项目是按不带活动小门考虑的，当设计为带活动小门时，按相应项目执行，其中人工乘以系数 1.07，材料调整为带活动小门金属卷帘（闸）。

3）防火卷帘（闸）（无机布基防火卷帘除外）按镀锌钢板卷帘（闸）项目执行，并将材料中的镀锌钢板卷帘换为相应的防火卷帘。

（4）厂库房大门、特种门

1）厂库房大门及特种门已包括门扇所用铁件，除成品门附件以外，墙、柱、楼地面等部位的预埋铁件按设计要求，另按"混凝土及钢筋混凝土工程"中相应项目执行。

2）特种门安装项目按成品门安装考虑。

（5）其他门

1）全玻璃门扇安装项目按地弹门考虑，其中地弹簧用量可按实际调整。

2）全玻璃门门框、横梁、立柱钢架的制作安装及饰面装饰，按门钢架相应项目执行。

3）全玻璃门有框亮子安装按全玻璃有框门扇安装项目执行，人工乘以系数 0.75，地弹簧换为膨胀螺栓，用量调整为 277.55 个/100m² ；无框亮子安装按固定玻璃安装项目执行。

4）电子感应自动门传感装置、伸缩门电动装置安装已包括调试用工。

（6）门钢架、门窗套

1）门钢架基层、面层项目未包括封边线条，设计要求时，另按"其他装饰工程"中相应线条项目执行。

2）门窗套、门窗筒子板均执行门窗套（筒子板）项目。

3）门窗贴脸为成品线条时，按"其他装饰工程"相应线条项目执行，筒子板仍按本章规定的计算规则执行相应项目。

4）门窗套（筒子板）项目未包括封边线条，设计要求时，按"其他装饰工程"中相应线条项目执行。

（7）窗台板、窗帘盒

1）窗台板与暖气罩相连时，窗台板并入暖气罩，按"其他装饰工程"中相应暖气罩项目执行。

2）石材窗台板安装项目按成品窗台板考虑。实际为非成品需现场加工时，石材加工另按"其他装饰工程"中石材加工相应项目执行。

3）窗帘盒项目按高 250mm、宽 150mm 规格考虑，设计不同时可按帷幕板执行相应项目。

4）窗帘帷幕板项目按单面粘贴面层考虑，设计为双面粘贴面层时，执行相应项目，人工乘以系数 1.20，材料中调整木质饰面板消耗量。

（8）门五金

1）木门（扇）安装项目（木质防火门除外）中五金配件的安装仅包括合页安装人工和合页材料费，设计要求的其他五金另按"门五金"中门特殊五金相应项目执行。

2）木质防火门、金属门窗、金属卷帘（闸）、厂库房大门、特种门、其他门（全玻璃门扇除外）为成品门窗（含五金），包括五金安装人工。

3）全玻璃扇安装项目中仅包括地弹簧安装的人工和材料费，设计要求的其他五金另按"门五金"中门特殊五金相应项目执行。

2. 工程量计算规则

（1）木门及门框

1）木门框按设计图示框的中心线长度计算。

2）木门扇安装按设计图示扇面积计算。

3）套装木门安装按设计图示数量计算。

4）木质防火门安装按设计图示洞口面积计算。

（2）金属门、窗

1）铝合金门窗、塑钢门窗（飘凸窗除外）均按设计图示门、窗洞口面积计算。

2）门连窗按设计图示洞口面积分别计算门、窗面积，其中窗的宽度算至门框的外边线。

3）纱门、纱窗扇按设计图示扇外围面积计算。

4）飘凸窗按设计图示框型材外边线尺寸以展开面积计算。

5）钢质防火门、防盗门、防火窗按设计图示门洞口面积计算。

6）防盗窗按设计图示窗框外围面积计算。

7）彩板钢门窗按设计图示门、窗洞口面积计算。彩板钢门窗附框按框中心线长度计算。

（3）金属卷帘（闸）

金属卷帘（闸）按设计图示卷帘门宽度乘以卷帘门高度（包括卷帘箱高度）以面积计算。电动装置安装按设计图示套数计算。

（4）厂库房大门、特种门

1）厂库房大门按设计图示扇面积计算。

2）特种门按设计图示门洞口面积计算。

（5）其他门

1）全玻有框门扇按设计图示扇边框外边线尺寸以扇面积计算。

2）全玻无框（条夹）门扇按设计图示扇面积计算，高度算至条夹外边线，宽度算至玻璃外边线。

3）全玻无框（点夹）门扇按设计图示玻璃外边线尺寸以扇面积计算。

4）无框亮子按设计图示门框与横梁或立柱内边缘尺寸玻璃面积计算。

5）全玻转门按设计图示数量计算。

6）不锈钢伸缩门按设计图示尺寸以长度计算。

7）传感和电动装置按设计图示套数计算。

（6）门钢架、门窗套

1）门钢架按设计图示尺寸以质量计算。

2）门钢架基层、面层按设计图示饰面外围尺寸展开面积计算。

3）门窗套（筒子板）龙骨、面层、基层均按设计图示饰面外围尺寸展开面积计算。

4）成品木质门窗套按设计图示饰面外围尺寸展开面积计算。

（7）窗台板、窗帘、窗帘盒、窗帘轨

1）窗台板按设计图示长度乘以宽度以面积计算。图纸未注明尺寸的，窗台板长度按窗框的外围宽度两边共加 100mm 计算。窗台板凸出墙面的宽度按墙面外加 50mm 计算。

2）布窗帘按设计尺寸成活后展开面积计算。百叶帘、卷帘按设计窗帘宽度乘以高度以面积计算。

3）窗帘盒、窗帘轨按设计图示长度计算。

4）窗帘帷幕板按设计图示尺寸单面面积计算，伸入天棚内的面积与露明面积合并计算。

8.3 门窗工程工程量清单编制实例

实例1 某商场电动卷帘门的工程量计算

如图8-1所示，某商场安装电动卷帘门的高度为3000mm，宽度为2700mm，带小门，小门尺寸为高2000mm，宽度为900mm，共4樘，试计算其工程量。

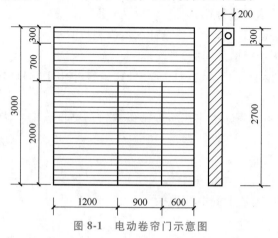

图8-1 电动卷帘门示意图

【解】

（1）消耗量定额工程量 $S = (2.7×3+2.7×0.2×2+0.2×0.3×2)×4$

$$= (8.1+1.08+0.12)×4$$

$$= 37.2 \ (m^2)$$

（2）清单工程量 = 4樘

实例2 某营业大厅电子感应自动门的工程量计算

已知某营业大厅安装电子感应自动门5樘，如图8-2所示，试计算其工程量。

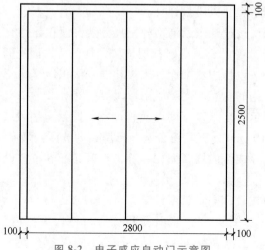

图8-2 电子感应自动门示意图

【解】

(1) 电子感应自动门定额工程量 $S = (2.8+0.1\times2)\times(2.5+0.1)\times5$

$= 3\times2.6\times5$

$= 39$（m^2）

(2) 清单工程量 = 5 樘

实例 3 钢龙骨不锈钢门框的工程量计算

如图 8-3 所示，门套厚度及宽度均为 260mm，试计算钢龙骨不锈钢门框工程量。

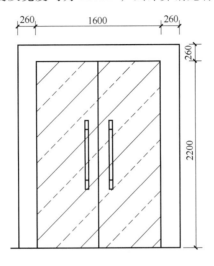

图 8-3 钢龙骨不锈钢门框示意图

【解】

钢龙骨不锈钢门框工程量 $= [(1.6+0.26)+(2.2+0.13)\times2]\times2\times0.26+(1.6+2.2\times2)\times0.26$

$= (1.86+4.66)\times0.52+1.56$

$= 4.95$（m^2）

实例 4 带亮子带纱门连窗的工程量计算

如图 8-4 所示，计算带亮子带纱门连窗工程量。

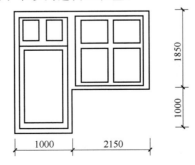

图 8-4 带亮子带纱门连窗示意图

【解】

带亮子带纱门连窗工程量 $= 1 \times (1+1.85) + 2.15 \times 1.85$
$= 2.85 + 3.9775$
≈ 6.83 （m^2）

实例 5　某异型门窗的工程量计算

制作安装折线形铝合金固定窗 6 扇，如图 8-5 所示，试计算其工程量（假设窗高 1.8m，每扇宽 0.8m）。

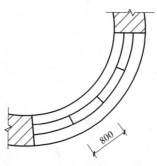

图 8-5　异型门窗平面示意图

【解】

异型门窗工程量 $= 0.8 \times 1.8 \times 6 = 8.64$ （m^2）

实例 6　某会议室安装塑钢门窗的工程量计算

某大厦安装塑钢门窗工程，塑钢门、窗示意图如图 8-6 所示，门洞口尺寸为 2300mm×2700mm，窗洞口尺寸为 1600mm×1950mm，不带纱扇，试计算其工程量。

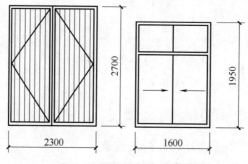

图 8-6　塑钢门、窗示意图

【解】

（1）塑钢门工程量 $= 2.3 \times 2.7 = 6.21$ （m^2）

（2）塑钢窗工程量 $= 1.6 \times 1.95 = 3.12$ （m^2）

清单工程量见表 8-11。

表 8-11　第 8 章实例 6 清单工程量

项目编码	项目名称	项目特征描述	工程量合计	计量单位
010802001001	塑钢门	门洞口尺寸为 2300mm×2700mm	6.21	m^2
010807001001	塑钢窗	窗洞口尺寸为 1600mm×1950mm，不带纱扇	3.12	m^2

第9章 油漆、涂料、裱糊工程

9.1 油漆、涂料、裱糊工程清单工程量计算规则

1. 门油漆

门油漆工程量清单项目设置、项目特征描述的内容、计量单位、工程量计算规则应按表 9-1 的规定执行。

表 9-1　门油漆（编码：011401）

项目编码	项目名称	项目特征	计量单位	工程量计算规则	工程内容
011401001	木门油漆	1. 门类型 2. 门代号及洞口尺寸 3. 腻子种类 4. 刮腻子遍数 5. 防护材料种类 6. 油漆品种、刷漆遍数	1. 樘 2. m²	1. 以樘计量，按设计图示数量计量 2. 以平方米计量，按设计图示洞口尺寸以面积计算	1. 基层清理 2. 刮腻子 3. 刷防护材料、油漆
011401002	金属门油漆				1. 除锈、基层清理 2. 刮腻子 3. 刷防护材料、油漆

注：1. 木门油漆应区分木大门、单层木门、双层（一玻一纱）木门、双层（单裁口）木门、全玻自由门、半玻自由门、装饰门及有框门或无框门等分别编码列项。
　　2. 金属门油漆应区分平开门、推拉门、钢制防火门列项。
　　3. 以平方米计量，项目特征可不必描述洞口尺寸。

2. 窗油漆

窗油漆工程量清单项目设置、项目特征描述的内容、计量单位、工程量计算规则应按表 9-2 的规定执行。

表 9-2　窗油漆（编码：011402）

项目编码	项目名称	项目特征	计量单位	工程量计算规则	工程内容
011402001	木窗油漆	1. 窗类型 2. 窗代号及洞口尺寸 3. 腻子种类 4. 刮腻子遍数 5. 防护材料种类 6. 油漆品种、刷漆遍数	1. 樘 2. m²	1. 以樘计量，按设计图示数量计量 2. 以平方米计量，按设计图示洞口尺寸以面积计算	1. 基层清理 2. 刮腻子 3. 刷防护材料、油漆
011402002	金属窗油漆				1. 除锈、基层清理 2. 刮腻子 3. 刷防护材料、油漆

注：1. 木窗油漆应区分单层木门、双层（一玻一纱）木窗、双层框扇（单裁口）木窗、双层框三层（二玻一纱）木窗、单层组合窗、双层组合窗、木百叶窗、木推拉窗等项目，分别编码列项。
　　2. 金属窗油漆应分平开窗、推拉窗、固定窗、组合窗、金属格栅窗分别列项。
　　3. 以平方米计量，项目特征可不必描述洞口尺寸。

3. 木扶手及其他板条、线条油漆

木扶手及其他板条、线条油漆工程量清单项目设置、项目特征描述的内容、计量单位、工程量计算规则应按表9-3的规定执行。

表9-3 木扶手及其他板条、线条油漆（编码：011403）

项目编码	项目名称	项目特征	计量单位	工程量计算规则	工程内容
011403001	木扶手油漆	1. 断面尺寸 2. 腻子种类 3. 刮腻子遍数 4. 防护材料种类 5. 油漆品种、刷漆遍数	m	按设计图示尺寸以长度计算	1. 基层清理 2. 刮腻子 3. 刷防护材料、油漆
011403002	窗帘盒油漆				
011403003	封檐板、顺水板油漆				
011403004	挂衣板、黑板框油漆				
011403005	挂镜线、窗帘棍、单独木线油漆				

注：木扶手应区分带托板与不带托板，分别编码列项，若是木栏杆代扶手，木扶手不应单独列项，应包含在木栏杆油漆中。

4. 木材面油漆

木材面油漆工程量清单项目设置、项目特征描述的内容、计量单位、工程量计算规则应按表9-4的规定执行。

表9-4 木材面油漆（编码：011404）

项目编码	项目名称	项目特征	计量单位	工程量计算规则	工程内容
011404001	木护墙、木墙裙油漆	1. 腻子种类 2. 刮腻子遍数 3. 防护材料种类 4. 油漆品种、刷漆遍数	m^2	按设计图示尺寸以面积计算	1. 基层清理 2. 刮腻子 3. 刷防护材料、油漆
011404002	窗台板、筒子板、盖板、门窗套、踢脚线油漆				
011404003	清水板条天棚、檐口油漆				
011404004	木方格吊顶天棚油漆				
011404005	吸声板墙面、天棚面油漆				
011404006	暖气罩油漆				
011404007	其他木材面			按设计图示尺寸以单面外围面积计算	
011404008	木间壁、木隔断油漆				
011404009	玻璃间壁露明墙筋油漆				
0114040010	木栅栏、木栏杆（带扶手）油漆				
0114040011	衣柜、壁柜油漆			按设计图示尺寸以油漆部分展开面积计算	
0114040012	梁柱饰面油漆				
0114040013	零星木装修油漆				
0114040014	木地板油漆			按设计图示尺寸以面积计算空洞、空圈、暖气包槽、壁龛的开口部分并入相应的工程量内	
0114040015	木地板烫硬蜡面	1. 硬蜡品种 2. 面层处理要求			1. 基层清理 2. 烫蜡

5. 金属面油漆

金属面油漆工程量清单项目设置、项目特征描述的内容、计量单位、工程量计算规则应按表9-5的规定执行。

表 9-5　金属面油漆（编码：011405）

项目编码	项目名称	项目特征	计量单位	工程量计算规则	工程内容
011405001	金属面油漆	1. 构件名称 2. 腻子种类 3. 刮腻子要求 4. 防护材料种类 5. 油漆品种、刷漆遍数	1. t 2. m²	1. 以吨计量，按设计图示尺寸以质量计算 2. 以平方米计量，按设计展开面积计算	1. 基层清理 2. 刮腻子 3. 刷防护材料、油漆

6. 抹灰面油漆

抹灰面油漆工程量清单项目设置、项目特征描述的内容、计量单位、工程量计算规则应按表9-6的规定执行。

表 9-6　抹灰面油漆（编码：011406）

项目编码	项目名称	项目特征	计量单位	工程量计算规则	工程内容
011406001	抹灰面油漆	1. 基层类型 2. 腻子种类 3. 刮腻子遍数 4. 防护材料种类 5. 油漆品种、刷漆遍数 6. 部位	m²	按设计图示尺寸以面积计算	1. 基层清理 2. 刮腻子 3. 刷防护材料、油漆
011406002	抹灰线条油漆	1. 线条宽度、道数 2. 腻子种类 3. 刮腻子遍数 4. 防护材料种类 5. 油漆品种、刷漆遍数	m	按设计图示尺寸以长度计算	
011406003	满刮腻子	1. 基层类型 2. 腻子种类 3. 刮腻子遍数	m²	按设计图示尺寸以面积计算	1. 基层清理 2. 刮腻子

7. 喷刷涂料

喷刷涂料工程量清单项目设置、项目特征描述的内容、计量单位、工程量计算规则应按表9-7的规定执行。

表 9-7　喷刷涂料（编码：011407）

项目编码	项目名称	项目特征	计量单位	工程量计算规则	工程内容
011407001	墙面喷刷涂料	1. 基层类型 2. 喷刷涂料部位 3. 腻子种类 4. 刮腻子要求 5. 涂料品种、喷刷遍数	m²	按设计图示尺寸以面积计算	1. 基层清理 2. 刮腻子 3. 刷、喷涂料
011407002	天棚喷刷涂料				

（续）

项目编码	项目名称	项目特征	计量单位	工程量计算规则	工程内容
011407003	空花格、栏杆刷涂料	1. 腻子种类 2. 刮腻子遍数 3. 涂料品种、刷喷遍数	m²	按设计图示尺寸以单面外围面积计算	1. 基层清理 2. 刮腻子 3. 刷、喷涂料
011407004	线条刷涂料	1. 基层清理 2. 线条宽度 3. 刮腻子遍数 4. 刷防护材料、油漆	m	按设计图示尺寸以长度计算	
011407005	金属构件刷防火涂料	1. 喷刷防火涂料构件名称 2. 防火等级要求 3. 涂料品种、喷刷遍数	1. m² 2. t	1. 以吨计量，按设计图示尺寸以质量计算 2. 以平方米计量，按设计展开面积计算	1. 基层清理 2. 刷防护材料、油漆
011407006	木材构件喷刷防火涂料		m²	以平方米计量，按设计图示尺寸以面积计算	1. 基层清理 2. 刷防火材料

注：喷刷墙面涂料部位要注明内墙或外墙。

8. 裱糊

裱糊工程量清单项目设置、项目特征描述的内容、计量单位、工程量计算规则应按表9-8的规定执行。

表9-8 裱糊（编码：011408）

项目编码	项目名称	项目特征	计量单位	工程量计算规则	工程内容
011408001	墙纸裱糊	1. 基层类型 2. 裱糊部位 3. 腻子种类 4. 刮腻子遍数 5. 粘结材料种类 6. 防护材料种类 7. 面层材料品种、规格、颜色	m²	按设计图示尺寸以面积计算	1. 基层清理 2. 刮腻子 3. 面层铺粘 4. 刷防护材料
011408002	织锦缎裱糊				

9.2 油漆、涂料、裱糊工程定额工程量计算规则

1. 定额说明

1）《房屋建筑与装饰工程消耗量》（TY 01—31—2021）油漆、涂料、裱糊工程包括木门油漆，木扶手及其他板条、线条油漆，其他木材面油漆，金属面油漆，抹灰面油漆，喷刷涂料，裱糊七节。

2）木材面、金属面、抹灰面油漆、涂料项目中注明的涂（喷）刷遍数设计与消耗量不同时，可按本章中相应项目进行调整。涂（喷）刷油漆、涂料需强制通风时，机械使用费另计。

3）油漆、涂料中均已考虑刮腻子。当抹灰面油漆、喷刷涂料设计与取定的刮腻子遍数不同时，可按本章喷刷涂料一节中刮腻子每增减一遍项目进行调整。喷刷涂料一节中刮腻子

项目仅适用于单独刮腻子工程。

4）附着安装在同材质装饰面上的木线条、石膏线条等油漆、涂料，与装饰面同色者，并入装饰面计算；与装饰面分色者，执行本章线条相应项目单独计算。

5）门窗套、窗台板、腰线、压顶、扶手（栏板上扶手）等抹灰面刷油漆、涂料，与整体墙面同色者，并入墙面计算；与整体墙面分色者，单独计算，按墙面相应项目执行，其中人工乘以系数1.43。

6）纸面石膏板等装饰板材面刮腻子刷油漆、涂料，按抹灰面刮腻子刷油漆、涂料相应项目执行。

7）附墙柱抹灰面喷刷油漆、涂料、裱糊，按墙面相应项目执行；独立柱抹灰面喷刷油漆、涂料、裱糊，按墙面相应项目执行，其中人工乘以系数1.20。

8）油漆。

① 油漆浅、中、深各种颜色已在消耗量中综合考虑，颜色不同时，人工、材料用量不另调整。

② 消耗量综合考虑了在同一平面上的分色，但美术图案需另外计算。

③ 木材面硝基清漆项目中每增加刷理漆片一遍项目和每增加硝基清漆一遍项目均适用于三遍以内。

④ 木材面聚酯清漆、聚酯色漆项目，当设计与取定的底漆遍数不同时，可执行每增加聚酯清漆（聚酯色漆）一遍项目进行调整，其中聚酯清漆（聚酯色漆）调整为聚酯底漆，用量不变。

⑤ 木材面刷底油一遍、清油一遍可按相应底油一遍、熟桐油一遍项目执行，其中熟桐油调整为清油，用量不变。

⑥ 木门、木扶手、其他木材面刷广漆，按熟桐油、底油、生漆二遍项目执行。

⑦ 当设计要求金属面刷两遍防锈漆时，按金属面刷防锈漆一遍项目执行，其中人工乘以系数1.74，材料乘以系数1.90。

⑧ 金属面油漆项目均考虑了手工除锈，如实际为机械除锈，另按"金属结构工程"中相应项目执行，油漆项目中的除锈用工亦不扣除。

⑨ 环氧富锌漆、环氧云铁漆与氯磺化聚乙烯漆或氯化橡胶漆配合使用时，面漆可按氯磺化聚乙烯面漆或氯化橡胶面漆项目执行。

⑩ 喷塑（一塑三油）：底油、装饰漆、面油，其规格划分如下：

a. 大压花：喷点压平，点面积在1.2cm² 以上。

b. 中压花：喷点压平，点面积在1~1.2cm²。

c. 喷中点、幼点：喷点面积在1cm² 以下。

⑪ 墙面真石漆、氟碳漆项目不包括分格嵌缝，设计要求做分格嵌缝时，执行"墙、柱面装饰与隔断、幕墙工程"墙面抹灰一节中相应项目。

9）涂料。

① 木龙骨刷防火涂料按四面涂刷考虑，木龙骨刷防腐涂料按一面（接触结构基层面）涂刷考虑。

② 木龙骨、木基层板刷防蛀虫剂，按防腐油项目执行，其中防腐油调整为防蛀虫剂，用量不变。

③ 金属面防火涂料项目中防火涂料用量设计与消耗量不同时，可以调整。

④ 金属面防火涂料项目中超薄型防火涂料涂层厚度不大于 3mm，薄型防火涂料涂层厚度不大于 7mm，厚型防火涂料涂层厚度不大于 45mm。

⑤ 艺术造型天棚吊顶、墙面装饰的基层板缝粘贴胶带，按本章相应项目执行，人工乘以系数 1.20。

2. 工程量计算规则

（1）木门油漆工程　执行单层木门油漆的项目，其工程量计算规则及相应系数见表 9-9。

表 9-9　单层木门油漆工程量计算规则及相应系数

项　目		系数	工程量计算规则（设计图示尺寸）
1	单层木门	1.00	门洞口面积
2	单层半玻门	0.85	
3	单层全玻门	0.75	
4	半截百叶门	1.50	
5	全百叶门	1.70	
6	厂库房大门	1.10	
7	纱门扇	0.80	
8	特种门（包括冷藏门）	1.00	
9	单独门框	0.40	
10	装饰门扇	0.90	扇外围尺寸面积
11	间壁、隔断	1.00	单面外围面积
12	玻璃间壁露明墙筋	0.80	
13	木栅栏、木栏杆（带扶手）	0.90	

注：多面涂刷按单面计算工程量。

（2）木扶手及其他板条、线条油漆工程

1）执行木扶手（不带托板）油漆的项目，其工程量计算规则及相应系数见表 9-10。

表 9-10　木扶手（不带托板）油漆工程量计算规则及相应系数

项　目		系数	工程量计算规则（设计图示尺寸）
1	木扶手（不带托板）	1.00	延长米
2	木扶手（带托板）	2.50	
3	封檐板、博风板	1.70	
4	黑板框、生活园地框	0.50	

2）木线条油漆按设计图示尺寸以中心线长度计算。

（3）其他木材面油漆工程

1）执行其他木材面油漆的项目，其工程量计算规则及相应系数见表 9-11。

2）木地板油漆按设计图示尺寸以面积计算，空洞、空圈、暖气包槽、壁龛的开口部分并入相应的工程量内。

3）木龙骨刷防火、防腐涂料按设计图示尺寸以龙骨架投影面积计算。

表 9-11　其他木材面油漆工程量计算规则及相应系数

	项　目	系数	工程量计算规则（设计图示尺寸）
1	木板、胶合板天棚	1.00	长×宽
2	屋面板带檩条	1.10	斜长×宽
3	清水板条檐口天棚	1.10	
4	吸声板（墙面或天棚）	0.87	长×宽
5	鱼鳞板墙	2.40	
6	木护墙、木墙裙、木踢脚	0.83	
7	窗台板、窗帘盒	0.83	
8	出入口盖板、检查口	0.87	
9	壁橱	0.83	展开面积
10	木屋架	1.77	跨度（长）×中高×1/2
11	以上未包括的其余木材面油漆	0.83	展开面积

4）基层板刷防火、防腐涂料按实际涂刷面积计算。

5）油漆面抛光打蜡、封油刮腻子按相应刷油部位油漆工程量计算规则计算。

（4）金属面油漆工程

1）执行金属面油漆、涂料项目，其工程量按设计图示尺寸以展开面积计算。质量在 500kg 以内的单个金属构件可参考表 9-12 中相应的系数，将质量（t）折算为面积（m²）。

表 9-12　质量折算面积参考系数

	项　目	系　数
1	钢栅栏门、栏杆、窗栅	64.98
2	钢爬梯	44.84
3	踏步式钢扶梯	39.90
4	轻型屋架	53.20
5	零星铁件	58.00

2）执行金属面（涂刷磷化底漆）油漆的项目，其工程量计算规则及相应系数见表 9-13。

表 9-13　金属面（涂刷磷化底漆）油漆工程量计算规则及相应系数

	项　目	系数	工程量计算规则（设计图示尺寸）
1	平板屋面	1.00	斜长×宽
2	瓦垄板屋面	1.20	
3	排水、伸缩缝盖板	1.05	展开面积
4	吸气罩	2.20	水平投影面积
5	包镀锌薄钢板门	2.20	门窗洞口面积

注：多面涂刷按单面计算工程量。

（5）抹灰面油漆、涂料工程

1）抹灰面油漆、涂料（另做说明的除外）按设计图示尺寸以面积计算。

2）踢脚线刷耐磨漆按设计图示尺寸以长度计算。

3）槽形底板、混凝土折瓦板、有梁板底、密肋梁板底、井字梁板底刷油漆、涂料按设计图示尺寸以展开面积计算。

4）混凝土花格窗刷（喷）油漆、涂料按设计图示尺寸以窗洞口面积计算。

5）混凝土栏杆、花饰刷（喷）油漆、涂料按设计图示尺寸以垂直投影面积计算。

6）软包面、地毯面喷阻燃剂按软包工程、地毯工程相应工程量计算规则计算。

7）天棚、墙、柱面基层板缝粘贴胶带纸按相应天棚、墙、柱面基层板面积计算。

（6）裱糊工程　按裱糊设计图示尺寸以面积计算。

9.3　油漆、涂料、裱糊工程工程量清单编制实例

实例1　某工程木质推拉门油漆的工程量计算

某工程喷有油漆的木质推拉门，其构造尺寸示意图如图9-1所示，该工程共有15个这样的木质门喷油漆，试计算木质推拉门的油漆工程量。

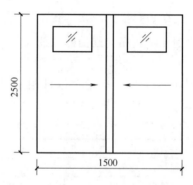

图9-1　木质推拉门构造尺寸示意图

【解】

木门油漆的工程量 = 1.5×2.5×15 = 56.25（m²）

实例2　双层（一玻一纱）木窗油漆的工程量计算

双层（一玻一纱）木窗示意图如图9-2所示，洞口尺寸为1340mm×1750mm，共22樘，设计为刷润油粉一遍，刮腻子，刷调和漆一遍，磁漆两遍，试计算其工程量。

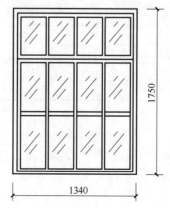

图9-2　双层（一玻一纱）木窗示意图

【解】

木窗油漆工程量＝1.34×1.75×22＝51.59（m²）

清单工程量见表9-14。

表9-14 第9章实例2清单工程量

项目编码	项目名称	项目特征描述	工程量合计	计量单位
011402001001	木窗油漆	刷润油粉一遍,刮腻子,刷调和漆一遍,磁漆两遍	51.59	m²

实例3 某装饰工程造型木墙裙油漆的工程量计算

某装饰工程造型木墙裙示意图如图9-3所示,其长5.55m,高0.9m,外挑0.25m。面层凸出部分（涂黑部位）刷聚酯亚光色漆,其他部位刷聚酯亚光清漆,均按刷透明腻子一遍、底漆一遍、面漆三遍的要求施工。试计算其工程量。

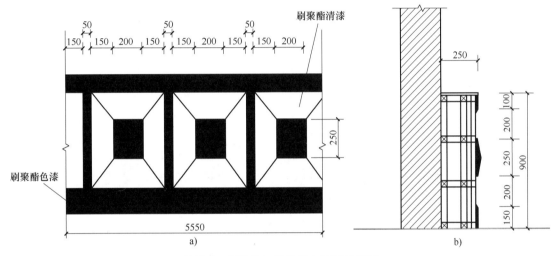

图9-3 某装饰工程造型木墙裙示意图

a）平面图 b）立面图

【解】

（1）木饰面板、有造型墙裙工程量＝5.55×0.9－5.55×(0.15＋0.1)－0.65×0.05×11－

0.25×0.2×10

＝4.995－1.3875－0.3575－0.5

＝2.75（m²）

（2）木护墙、木墙裙油漆工程量＝5.55×(0.15＋0.1)＋0.65×0.05×11＋0.25×0.2×10

＝1.3875＋0.3575＋0.5

≈2.25（m²）

清单工程量见表9-15。

表9-15 第9章实例3清单工程量

项目编码	项目名称	项目特征描述	工程量合计	计量单位
011404001001	木饰面板、有造型墙裙	1. 基层类型:木饰面板、有造型墙裙 2. 油漆种类、刷油要求:聚酯亚光清漆,透明腻子一遍、底漆一遍、面漆三遍	2.75	m²

（续）

项目编码	项目名称	项目特征描述	工程量合计	计量单位
011404001002	木护墙、木墙裙油漆	1. 基层类型：木护墙、木墙裙 2. 油漆种类、刷油要求：聚酯亚光色漆，透明腻子一遍、底漆一遍、面漆三遍	2.25	m²

实例4 某办公楼会议室门扇、门套油漆的工程量计算

某办公楼会议室双开门节点图如图9-4所示，门洞尺寸为宽1300mm×高2100mm，墙厚240mm，试计算其门扇、门套的油漆工程量。

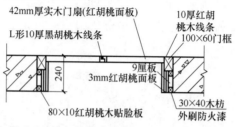

图9-4 某办公楼会议室双开门节点示意图

【解】

（1）门扇油漆工程量 = 1.3×2.1 = 2.73（m²）

（2）门套油漆工程量 = 0.24×（1.3+2.1×2）= 1.32（m²）

实例5 某建筑天棚刷喷涂料工程量以及墙面刷乳胶漆的工程量计算

某工程的尺寸如图9-5所示，根据已知条件，计算天棚刷喷涂料工程量以及墙面刷乳胶漆的工程量。

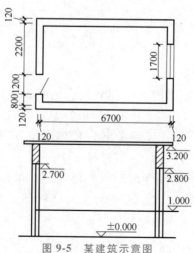

图9-5 某建筑示意图

【解】

（1）天棚刷喷涂料工程量 = （6.7-0.24）×（4.2-0.24）

$$= 6.46×3.96$$

$$≈ 25.58（m²）$$

（2）墙面刷乳胶漆工程量 $=(6.46+3.96)\times2\times2.2-1.2\times(2.7-1)-1.7\times1.8+$
$$(1.8\times2+1.7+1.7\times2+1.2)\times0.12$$
$$=45.848-2.04-3.06+1.188$$
$$\approx41.94\ (m^2)$$

实例6 某工程挂镜线底油、刮腻子、调和漆的工程量计算

某工程构造如图9-6所示，门窗居中安装，门窗框厚均为80mm。内墙抹灰面满刮腻子2遍，贴拼花墙纸；挂镜线底油1遍，刮腻子，调和漆3遍；挂镜线以上及天棚刷喷涂料，乳胶漆3遍。试计算墙纸裱糊、挂镜线油漆以及刷喷涂料的工程量。

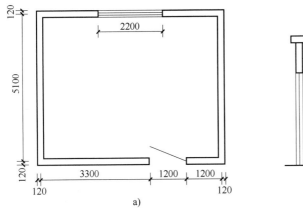 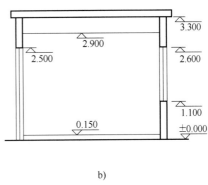

图9-6 某工程构造示意图

a）平面图 b）立面图

【解】

（1）墙纸裱糊工程量 $=(3.3+1.2+1.2-0.24+5.1-0.24)\times2\times(2.9-0.15)-$
$$1.2\times(2.5-0.15)-2.2\times(2.6-1.1)+[1.2+(2.5-0.15)\times2+$$
$$(2.2+1.5)\times2]\times(0.24-0.08)\div2$$
$$=56.76-2.82-3.3+(1.2+4.7+7.4)\times0.08$$
$$\approx51.7\ (m^2)$$

（2）挂镜线油漆工程量 $=(3.3+1.2+1.2-0.24+5.1-0.24)\times2=20.64\ (m)$

（3）刷喷涂料工程量 $=(3.3+1.2+1.2-0.24+5.1-0.24)\times2\times(3.3-2.9)+$
$$(3.3+1.2+1.2-0.24)\times(5.1-0.24)$$
$$=8.256+26.5356$$
$$\approx34.79\ (m^2)$$

清单工程量见表9-16。

表9-16 第9章实例6清单工程量

项目编码	项目名称	项目特征描述	工程量合计	计量单位
011408001001	墙纸裱糊	满刮腻子两遍，贴拼花墙纸	51.7	m²
011403005001	挂镜线油漆	满刮腻子两遍	20.64	m

（续）

项目编码	项目名称	项目特征描述	工程量合计	计量单位
011407002001	天棚刷喷涂料	1. 刷喷涂料部位：挂镜线以上及天棚刷喷涂料 2. 涂料品种、喷刷遍数：乳胶漆 3 遍	34.79	m²

实例 7　某暖气罩油漆的工程量计算

如图 9-7 所示，暖气罩木龙骨细木工板基层、榉木板面层刷底油一遍、透明腻子一遍、聚酯清漆两遍。根据图 9-7 中所给出的数据，试计算暖气罩油漆工程量。

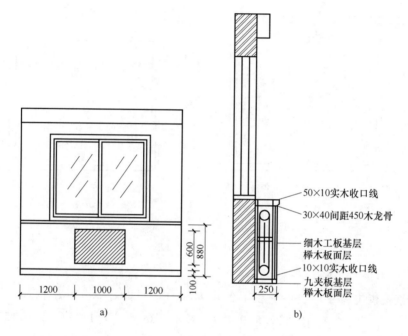

图 9-7　暖气罩示意图

a）正面图　b）侧面图

【解】

查《房屋建筑与装饰工程消耗量》（TY 01—31—2021）可得暖气罩定额工程系数为 0.83。

$$暖气罩油漆工程量 = (1.2+1+1.2)×(0.88+0.25)×0.83$$
$$= 3.4×1.13×0.83$$
$$≈ 3.19 （m²）$$

实例 8　某办公楼楼梯间混凝土花格窗涂料的工程量计算

某办公楼一楼楼梯间窗户为混凝土花格窗，如图 9-8 所示，试计算其涂料工程量。

【解】

$$涂料工程量 = 2.124×2.885 ≈ 6.13 （m²）$$

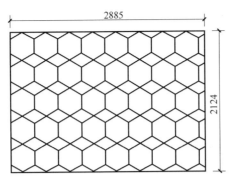

图 9-8　某办公楼一楼楼梯间混凝土花格窗立面图

实例 9　某大厅装饰柱涂饰防火涂料的工程量计算

某大厅装饰柱面大龙骨大样图如图 9-9 所示，根据图 9-9 中所提供的数据，试计算该装饰柱涂饰防火涂料的工程量。

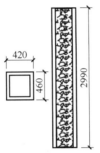

图 9-9　某大厅装饰柱面大龙骨大样图

【解】

涂饰防火涂料的工程量 = $(0.42+0.46)×2×2.99≈5.26(m^2)$

实例 10　某书房墙面裱糊金属墙纸的工程量计算

某书房平面布置图如图 9-10 所示，该房间天棚高度 2.5m，榉木踢脚线板高 120mm，墙面裱糊金属墙纸，门尺寸为 900mm×2100mm，窗尺寸为 1600mm×1200mm，试计算其工程量。

图 9-10　某书房平面布置图

【解】

工程量 = (3.5+4.5)×2×2.5-1.6×1.2-0.9×2.1

         = 40-1.92-1.89

         = 36.19 （m^2）

实例 11　某墙裙油漆的工程量计算

已知某住宅房间木墙裙高 1450mm，窗台高 1100mm，窗洞侧涂油漆 100mm 宽，如图 9-11 所示。请根据已知条件计算此墙裙油漆工程量。

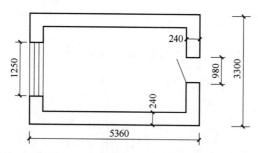

图 9-11　某住宅房间木墙裙示意图

【解】

墙裙油漆工程量 = [（5.36-0.24×2）×2+（3.3-0.24×2）×2]×1.45-

         [1.25×（1.45-1.1）+0.98×1.45]+（1.45-1.1）×0.1×2

         = （9.76+5.64）×1.45-（0.4375+1.421）+0.07

         = 22.33-1.8585+0.07

         ≈ 20.54 （m^2）

第10章 其他装饰工程

10.1 其他装饰工程清单工程量计算规则

1. 柜类、货架

柜类、货架工程量清单项目设置、项目特征描述的内容、计量单位、工程量计算规则应按表 10-1 的规定执行。

表 10-1　柜类、货架（编码：011501）

项目编码	项目名称	项目特征	计量单位	工程量计算规则	工程内容
011501001	柜台				
011501002	酒柜				
011501003	衣柜				
011501004	存包柜				
011501005	鞋柜				
011501006	书柜				
011501007	厨房壁柜				
011501008	木壁柜	1. 台柜规格 2. 材料种类、规格 3. 五金种类、规格 4. 防护材料种类 5. 油漆品种、刷漆遍数	1. 个 2. m 3. m³	1. 以个计量，按设计图示数量计量 2. 以米计量，按设计图示尺寸以延长米计算 3. 以立方米计量，按设计图示尺寸以体积计算	1. 台柜制作、运输、安装（安放） 2. 刷防护材料、油漆 3. 五金件安装
011501009	厨房低柜				
0115010010	厨房吊柜				
0115010011	矮柜				
0115010012	吧台背柜				
0115010013	酒吧吊柜				
0115010014	酒吧台				
0115010015	展台				
0115010016	收银台				
0115010017	试衣间				
0115010018	货架				
0115010019	书架				
0115010020	服务台				

2. 压条、装饰线

压条、装饰线工程量清单项目设置、项目特征描述的内容、计量单位、工程量计算规则应按表 10-2 的规定执行。

表 10-2　压条、装饰线（编码：011502）

项目编码	项目名称	项目特征	计量单位	工程量计算规则	工程内容
011502001	金属装饰线	1. 基层类型 2. 线条材料品种、规格、颜色 3. 防护材料种类	m	按设计图示尺寸以长度计算	1. 线条制作、安装 2. 刷防护材料
011502002	木质装饰线				
011502003	石材装饰线				
011502004	石膏装饰线				
011502005	镜面玻璃线				
011502006	铝塑装饰线				
011502007	塑料装饰线				
011502008	GRC 装饰线条	1. 基层类型 2. 线条规格 3. 线条安装部位 4. 填充材料种类			线条制作安装

3. 扶手、栏杆、栏板装饰

扶手、栏杆、栏板装饰工程量清单项目的设置、项目特征描述的内容、计量单位、工程量计算规则应按表 10-3 执行。

表 10-3　扶手、栏杆、栏板装饰（编码：011503）

项目编码	项目名称	项目特征	计量单位	工程量计算规则	工程内容
011503001	金属扶手、栏杆、栏板	1. 扶手材料种类、规格 2. 栏杆材料种类、规格 3. 栏板材料种类、规格、颜色 4. 固定配件种类 5. 防护材料种类	m	按设计图示以扶手中心线长度(包括弯头长度)计算	1. 制作 2. 运输 3. 安装 4. 刷防护材料
011503002	硬木扶手、栏杆、栏板				
011503003	塑料扶手、栏杆、栏板				
011503004	GRC 栏杆、扶手	1. 栏杆的规格 2. 安装间距 3. 扶手类型、规格 4. 填充材料种类			
011503005	金属靠墙扶手	1. 扶手材料种类、规格 2. 固定配件种类 3. 防护材料种类			
011503006	硬木靠墙扶手				
011503007	塑料靠墙扶手				
011503008	塑料靠墙扶手	1. 栏杆玻璃的种类、规格、颜色 2. 固定方式 3. 固定配件种类			

4. 暖气罩

暖气罩工程量清单项目设置、项目特征描述的内容、计量单位、工程量计算规则、应按表 10-4 的规定执行。

表 10-4 暖气罩（编码：011504）

项目编码	项目名称	项目特征	计量单位	工程量计算规则	工程内容
011504001	饰面板暖气罩	1. 暖气罩材质 2. 防护材料种类	m²	按设计图示尺寸以垂直投影面积（不展开）计算	1. 暖气罩制作、运输、安装 2. 刷防护材料、油漆
011504002	塑料板暖气罩				
011504003	金属暖气罩				

5. 浴厕配件

浴厕配件工程量清单项目设置、项目特征描述的内容、计量单位、工程量计算规则应按表 10-5 的规定执行。

表 10-5 浴厕配件（编码：011505）

项目编码	项目名称	项目特征	计量单位	工程量计算规则	工程内容
011505001	洗漱台	1. 材料品种、规格、品牌、颜色 2. 支架、配件品种、规格、品牌	1. m² 2. 个	1. 按设计图示尺寸以台面外接矩形面积计算。不扣除孔洞、挖弯、削角所占面积，挡板、吊沿板面积并入台面面积内 2. 按设计图示数量计算	1. 台面及支架、运输、安装 2. 杆、环、盒、配件安装 3. 刷油漆
011505002	晒衣架		个	按设计图示数量计算	
011505003	帘子杆				
011505004	浴缸拉手				
011505005	卫生间扶手				
011505006	毛巾杆（架）		套		1. 台面及支架制作、运输、安装 2. 杆、环、盒、配件安装 3. 刷油漆
011505007	毛巾环		副		
011505008	卫生纸盒		个		
011505009	肥皂盒				
0115050010	镜面玻璃	1. 镜面玻璃品种、规格 2. 框材质、断面尺寸 3. 基层材料种类 4. 防护材料种类	m²	按设计图示尺寸以边框外围面积计算	1. 基层安装 2. 玻璃及框制作、运输、安装
0115050011	镜箱	1. 箱材质、规格 2. 玻璃品种、规格 3. 基层材料种类 4. 防护材料种类 5. 油漆品种、刷漆遍数	个	按设计图示数量计算	1. 基层安装 2. 箱体制作、运输、安装 3. 玻璃安装 4. 刷防护材料、油漆

6. 雨篷、旗杆

雨篷、旗杆工程量清单项目设置、项目特征描述的内容、计量单位、工程量计算规则应按表 10-6 的规定执行。

7. 招牌、灯箱

招牌、灯箱工程量清单项目设置、项目特征描述的内容、计量单位、工程量计算规则应按表 10-7 的规定执行。

表 10-6　雨篷、旗杆（编码：011506）

项目编码	项目名称	项目特征	计量单位	工程量计算规则	工程内容
011506001	雨篷吊挂饰面	1. 基层类型 2. 龙骨材料种类、规格、中距 3. 面层材料品种、规格、品牌 4. 吊顶（天棚）材料品种、规格、品牌 5. 嵌缝材料种类 6. 防护材料种类	m²	按设计图示尺寸以水平投影面积计算	1. 底层抹灰 2. 龙骨基层安装 3. 面层安装 4. 刷防护材料、油漆
011506002	金属旗杆	1. 旗杆材料、种类、规格 2. 旗杆高度 3. 基础材料种类 4. 基座材料种类 5. 基座面层材料、种类、规格	根	按设计图示数量计算	1. 土石挖、填、运 2. 基础混凝土浇筑 3. 旗杆制作、安装 4. 旗杆台座制作、饰面
011506003	玻璃雨篷	1. 玻璃雨篷固定方式 2. 龙骨材料种类、规格、中距 3. 玻璃材料品种、规格、品牌 4. 嵌缝材料种类 5. 防护材料种类	m²	按设计图示尺寸以水平投影面积计算	1. 龙骨基层安装 2. 面层安装 3. 刷防护材料、油漆

表 10-7　招牌、灯箱（编码：011507）

项目编码	项目名称	项目特征	计量单位	工程量计算规则	工程内容
011507001	平面、箱式招牌	1. 箱体规格 2. 基层材料种类 3. 面层材料种类 4. 防护材料种类	m²	按设计图示尺寸以正立面边框外围面积计算。复杂形的凸凹造型部分不增加面积	1. 基层安装 2. 箱体及支架制作、运输、安装 3. 面层制作、安装 4. 刷防护材料、油漆
011507002	竖式标箱		个	按设计图示数量计算	
011507003	灯箱				
011507004	信报箱	1. 箱体规格 2. 基层材料种类 3. 面层材料种类 4. 保护材料种类 5. 户数	个	按设计图示数量计算	

8. 美术字

美术字工程量清单项目设置、项目特征描述的内容、计量单位、工程量计算规则应按表 10-8 的规定执行。

表 10-8　美术字（编码：011508）

项目编码	项目名称	项目特征	计量单位	工程量计算规则	工程内容
011508001	泡沫塑料字	1. 基层类型 2. 镌字材料品种、颜色 3. 字体规格 4. 固定方式 5. 油漆品种、刷漆遍数	个	按设计图示数量计算	1. 字制作、运输、安装 2. 刷油漆
011508002	有机玻璃字				
011508003	木质字				
011508004	金属字				
011508005	吸塑字				

10.2 其他装饰工程定额工程量计算规则

1. 定额说明

《房屋建筑与装饰工程消耗量》（TY 01—31—2021）其他装饰工程包括柜台、货架，压条、装饰线，扶手、栏杆、栏板装饰，暖气罩，浴厕配件，雨篷、旗杆，招牌、灯箱，美术字，石材、瓷砖加工九节。

（1）柜台、货架

1）柜、台、架以现场加工、手工制作为主，按常用规格编制。设计与消耗量不同时，可另行补充。

2）柜、台、架项目包括五金配件（设计有特殊要求者除外），未考虑压板拼花及饰面板上贴其他材料的花饰、造型艺术品。

3）木质柜、台、架项目中板材按胶合板考虑，如设计为其他板材时，主材可以换算。

（2）压条、装饰线

1）压条、装饰线均按成品安装考虑。

2）装饰线条（顶角装饰线除外）按直线形在墙面安装考虑。墙、柱面安装圆弧形装饰线条、天棚面安装直线形和圆弧形装饰线条，按相应项目乘以系数执行：

① 墙、柱面安装圆弧形装饰线条，人工乘以系数1.20、材料乘以系数1.10。

② 天棚面安装直线形装饰线条，人工乘以系数1.34。

③ 天棚面安装圆弧形装饰线条，人工乘以系数1.60，材料乘以系数1.10。

（3）扶手、栏杆、栏板装饰

1）扶手、栏杆、栏板项目（护窗栏杆除外）适用于楼梯、走廊、回廊及其他装饰性扶手、栏杆、栏板。

2）栏杆（带扶手）制作、安装项目主材用量与设计不同时，可调整主材用量。

3）栏杆（带扶手）制作、安装项目已包括扶手弯头制作与安装的人工、材料。

4）成品扶手、靠墙扶手项目已包括弯头安装，设计为成品整体弯头时，整体弯头安装另执行本章相应项目。

（4）暖气罩

1）挂板式是指暖气罩直接钩挂在暖气片上；平墙式是指暖气片凹嵌入墙中，暖气罩与墙面平齐；明式是指暖气片全凸或半凸出墙面，暖气罩凸出于墙外。

2）暖气罩项目未包括封边线、装饰线，另按本章相应装饰线条项目执行。

（5）浴厕配件

1）石材洗漱台项目不包括石材磨边、倒角及开面盆洞口，另按本章相应项目执行。

2）浴厕配件项目按成品安装考虑。

（6）雨篷、旗杆

1）点支式、托架式雨篷的型钢、爪件的规格、数量是按常用做法考虑的，当设计要求与消耗量不同时，材料用量可以调整，人工、机械不变。托架式雨篷的斜拉杆另计。

2）铝塑板、不锈钢面层雨篷项目按平面雨篷考虑，不包括雨篷侧面。

3）旗杆项目按常用做法考虑，未包括旗杆基础、旗杆台座及其饰面。

（7）招牌、灯箱

1）招牌、灯箱基层与骨架的连接固定，不论采用何种方式均不做调整。

2）招牌、灯箱项目不包括广告牌喷绘、灯饰、灯光、店徽、其他艺术装饰及配套机械。

（8）美术字

1）美术字项目均按成品安装考虑。

2）美术字按最大外接矩形面积区分规格按相应项目执行。

3）最大外接矩形面积≤4m² 的金属字、PVC 字、亚克力字项目按安装在钢骨架上考虑，项目中未包括钢骨架，另按本章"招牌、灯箱"一节中钢骨架项目执行。

（9）石材、瓷砖加工

石材、瓷砖加工项目按现场零星加工考虑。

2. 工程量计算规则

（1）柜台、货架　柜台、货架工程量按各项目计量单位计算。其中以"m²"为计量单位的项目，其工程量均按正立面的高度（包括脚的高度在内）乘以宽度计算。

（2）压条、装饰线

1）压条、装饰线条按线条中心线长度计算。

2）压条、装饰线条带 45°割角者，按线条外边线长度计算。

3）石膏角花、灯盘按设计图示数量计算。

（3）扶手、栏杆、栏板装饰

1）栏杆、栏板、扶手（另做说明的除外）均按设计图示尺寸中心线长度（包括弯长度）计算。设计为成品整体弯头时，工程量需扣除整体弯头长度（设计不明确的，按每只整体弯头 400mm 计算）。

2）成品栏杆栏板、护窗栏杆按设计图示尺寸中心线长度（不包括弯头长度）计算。

3）整体弯头按设计图示数量计算。

（4）暖气罩　暖气罩（包括脚的高度在内）按边框外围尺寸垂直投影面积计算，成品暖气罩安装按设计图示数量计算。

（5）浴厕配件

1）石材洗漱台按设计图示尺寸以展开面积计算，挡板、吊沿板面积并入其中，不扣除孔洞、挖弯、削角所占面积。

2）石材台面面盆开孔按设计图示尺寸以孔洞面积计算。

3）盥洗室台镜（带框）、盥洗室木镜箱按边框外围面积计算。

4）盥洗室塑料镜箱、毛巾杆、毛巾环、浴帘杆、浴缸拉手、肥皂盒、卫生纸盒、晒衣架、晾衣绳等按设计图示数量计算。

（6）雨篷、旗杆

1）雨篷按设计图示尺寸水平投影面积计算。

2）不锈钢旗杆按设计图示数量计算。

3）电动升降系统和风动系统按套数计算。

（7）招牌、灯箱

1）木骨架按设计图示饰面尺寸正立面面积计算。

2）钢骨架按设计图示尺寸乘以单位理论质量计算。

3）基层板、面层板按设计图示饰面尺寸展开面积计算。

（8）美术字 美术字按设计图示数量计算。

（9）石材、瓷砖加工

1）石材、瓷砖倒角、切割按块料设计倒角、切割长度计算。

2）石材磨边按实际打磨长度计算。

3）石材开槽按块料成型开槽长度计算。

4）石材、瓷砖开孔按成型孔洞数量计算。

10.3 其他装饰工程工程量清单编制实例

实例1 某鞋柜制作工程的工程量计算

某鞋柜样式图如图10-1所示，已知鞋柜中间有一宽为700mm的穿衣镜。现根据已知条件，试计算鞋柜制作工程量。

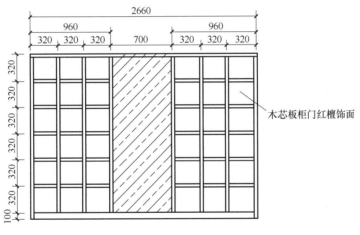

图10-1 某鞋柜样式图

【解】

鞋柜制作工程量 = (0.32×6+0.1)×(0.96×2+0.7)

　　　　　　　 = 2.02×2.62

　　　　　　　 ≈ 5.29 （m²）

实例2 某商场饰品店货架的工程量计算

某商场饰品店货架示意图如图10-2所示，该商场共有这样的货架250个，试计算货架的工程量。

【解】

货架定额工程量 = 1.8×2.5×250 = 1125 （m²）

货架清单工程量 = 250 （个）

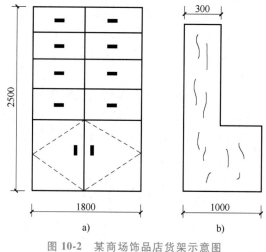

图 10-2　某商场饰品店货架示意图

a）正立面　b）侧立面

实例 3　饰面板暖气罩的工程量计算

平墙式暖气罩如图 10-3 所示，五合板基层，榉木板面层，机制木花格散热口，共 23 个，试计算饰面板暖气罩的工程量。

【解】

饰面板暖气罩工程量 $= (1.65 \times 1 - 1.2 \times 0.15 - 0.9 \times 0.35) \times 23$

$= (1.65 - 0.18 - 0.315) \times 23$

$\approx 26.57 \ (m^2)$

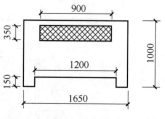

图 10-3　平墙式暖气罩示意图

实例 4　某宾馆大理石洗漱台的工程量计算

已知某宾馆需要制作安装 38 个卫生间洗漱台台面，采用国产绿金玉大理石，安装完毕后酸洗打蜡，台面上挖去一个椭圆形孔洞以安置洗脸盆，一个 $\phi20$ 的孔洞以安置冷热水管，台面两遍需圆角。同时，洗漱台靠墙侧需以同样材料做一挡板，高 100mm，大小如图 10-4 所示，试计算其工程量。

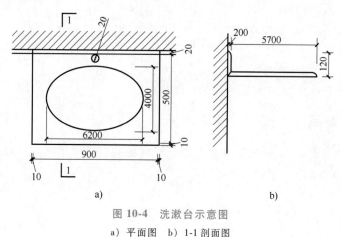

图 10-4　洗漱台示意图

a）平面图　b）1-1 剖面图

【解】

$$洗漱台工程量 = [(0.9+0.01×2)×(0.5+0.02+0.01)+0.1×(0.9+0.01×2)]×38$$
$$= (0.4876+0.092)×38$$
$$≈ 22.02 （m^2）$$

实例5　某卫生间镜面玻璃、毛巾环、镜面不锈钢饰线、石材饰线的工程量计算

某卫生间示意图如图10-5所示，试计算卫生间镜面玻璃、镜面不锈钢饰线、石材饰线、毛巾环的工程量。

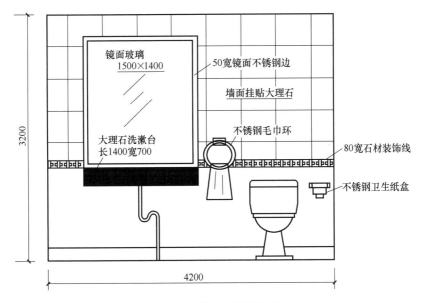

图10-5　某卫生间示意图

【解】

（1）镜面玻璃工程量 = 1.5×1.4 = 2.1 （m²）

（2）毛巾环工程量 = 1 （副）

（3）镜面不锈钢饰线工程量 = 2×(1.4+2×0.05+1.5) = 6 （m）

（4）石材饰线工程量 = 4.2−(1.4+0.05×2) = 2.7 （m）

清单工程量见表10-9。

表10-9　第10章实例5清单工程量

项目编码	项目名称	项目特征描述	工程量合计	计量单位
011505010001	镜面玻璃	镜面玻璃品种、规格:6mm厚,1500mm×1400mm	2.1	m²
011505007001	毛巾环	材料品种、规格:毛巾环	1	副
011502005001	镜面不锈钢饰线	1. 基层类型:3mm厚胶合板 2. 线条材料品种、规格:50mm宽镜面不锈钢板 3. 结合层材料种类:水泥砂浆1∶3	6	m
011502003001	石材装饰线	线条材料品种、规格:80mm宽石材装饰线	2.7	m

实例6 某幼儿园钢结构箱式招牌的工程量计算

某幼儿园采用钢结构箱式招牌，面层为米色铝塑板，店名采用不锈钢字，规格为600mm×600mm，如图10-6所示，试计算其工程量。

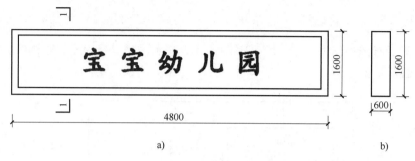

a)   b)

图10-6 某箱式招牌示意图

a）招牌立面图   b）1-1剖面图

【解】

箱式招牌工程量 = 4.8×1.6 = 7.68（m²）

第11章 拆除工程及措施项目

11.1 拆除工程清单工程量计算规则

1. 砖砌体拆除

砖砌体拆除工程量清单项目设置、项目特征描述的内容、计量单位及工程量计算规则应按表11-1的规定执行。

表 11-1　砖砌体拆除（编码：011601）

项目编码	项目名称	项目特征	计量单位	工程量计算规则	工程内容
011601001	砖砌体拆除	1. 砌体名称 2. 砌体材质 3. 拆除高度 4. 拆除砌体的截面尺寸 5. 砌体表面的附着物种类	1. m³ 2. m	1. 以立方米计量，按拆除的体积计算 2. 以米计量，按拆除的延长米计算	1. 拆除 2. 控制扬尘 3. 清理 4. 建渣场内、外运输

注：1. 砌体名称指墙、柱、水池等。

　　2. 砌体表面的附着物种类指抹灰层、块料层、龙骨及装饰面层等。

　　3. 以米计量，如砖地沟、砖明沟等必须描述拆除部位的截面尺寸；以立方米计量，截面尺寸则不必描述。

2. 混凝土及钢筋混凝土构件拆除

混凝土及钢筋混凝土构件拆除工程量清单项目设置、项目特征描述的内容、计量单位及工程量计算规则应按表11-2的规定执行。

表 11-2　混凝土及钢筋混凝土构件拆除（编码：011602）

项目编码	项目名称	项目特征	计量单位	工程量计算规则	工程内容
011602001	混凝土构件拆除	1. 构件名称 2. 拆除构件的厚度或规格尺寸 3. 构件表面的附着物种类	1. m³ 2. m² 3. m	1. 以立方米计量，按拆除构件的混凝土体积计算 2. 以平方米计量，按拆除部位的面积计算 3. 以米计量，按拆除部位的延长米计算	1. 拆除 2. 控制扬尘 3. 清理 4. 建渣场内、外运输
011602002	钢筋混凝土构件拆除				

注：1. 以立方米作为计量单位时，可不描述构件的规格尺寸；以平方米作为计量单位时，则应描述构件的厚度；以米作为计量单位时，则必须描述构件的规格尺寸。

　　2. 构件表面的附着物种类指抹灰层、块料层、龙骨及装饰面层等。

3. 木构件拆除

木构件拆除工程量清单项目设置、项目特征描述的内容、计量单位及工程量计算规则应按表11-3的规定执行。

表 11-3 木构件拆除 （编码：011603）

项目编码	项目名称	项目特征	计量单位	工程量计算规则	工程内容
011603001	木构件拆除	1. 构件名称 2. 拆除构件的厚度或规格尺寸 3. 构件表面的附着物种类	1. m³ 2. m² 3. m	1. 以立方米计量,按拆除构件的体积计算 2. 以平方米计量,按拆除面积计算 3. 以米计量,按拆除延长米计算	1. 拆除 2. 控制扬尘 3. 清理 4. 建渣场内、外运输

注：1. 拆除木构件应按木梁、木柱、木楼梯、木屋架、承重木楼板等分别在构件名称中描述。
　　2. 以立方米作为计量单位时，可不描述构件的规格尺寸；以平方米作为计量单位时，则应描述构件的厚度；以米作为计量单位时，则必须描述构件的规格尺寸。
　　3. 构件表面的附着物种类指抹灰层、块料层、龙骨及装饰面层等。

4. 抹灰层拆除

抹灰层拆除工程量清单项目设置、项目特征描述的内容、计量单位及工程量计算规则应按表11-4的规定执行。

表 11-4 抹灰层拆除 （编码：011604）

项目编码	项目名称	项目特征	计量单位	工程量计算规则	工程内容
011604001	平面抹灰层拆除	1. 拆除部位 2. 抹灰层种类	m²	按拆除部位的面积计算	1. 拆除 2. 控制扬尘 3. 清理 4. 建渣场内、外运输
011604002	立面抹灰层拆除				
011604003	天棚抹灰面拆除				

注：1. 单独拆除抹灰层应按本表中的项目编码列项。
　　2. 抹灰层种类可描述为一般抹灰或装饰抹灰。

5. 块料面层拆除

块料面层拆除工程量清单项目设置、项目特征描述的内容、计量单位及工程量计算规则应按表11-5的规定执行。

表 11-5 块料面层拆除 （编码：011605）

项目编码	项目名称	项目特征	计量单位	工程量计算规则	工程内容
011605001	平面块料拆除	1. 拆除的基层类型 2. 饰面材料种类	m²	按拆除面积计算	1. 拆除 2. 控制扬尘 3. 清理 4. 建渣场内、外运输
011605002	立面块料拆除				

注：1. 如仅拆除块料层，拆除的基层类型不用描述。
　　2. 拆除的基层类型的描述指砂浆层、防水层、干挂或挂贴所采用的钢骨架层等。

6. 龙骨及饰面拆除

龙骨及饰面拆除工程量清单项目设置、项目特征描述的内容、计量单位及工程量计算规则应按表11-6的规定执行。

表 11-6 龙骨及饰面拆除（编码：011606）

项目编码	项目名称	项目特征	计量单位	工程量计算规则	工程内容
011606001	楼地面龙骨及饰面拆除	1. 拆除的基层类型 2. 龙骨及饰面种类	m²	按拆除面积计算	1. 拆除 2. 控制扬尘 3. 清理 4. 建渣场内、外运输
011606002	墙柱面龙骨及饰面拆除				
011606003	天棚面龙骨及饰面拆除				

注：1. 基层类型的描述指砂浆层、防水层等。
　　2. 如仅拆除龙骨及饰面，拆除的基层类型不用描述。
　　3. 如只拆除饰面，不用描述龙骨材料种类。

7. 屋面拆除

屋面拆除工程量清单项目设置、项目特征描述的内容、计量单位及工程量计算规则应按表11-7的规定执行。

表 11-7 屋面拆除（编码：011607）

项目编码	项目名称	项目特征	计量单位	工程量计算规则	工程内容
011607001	刚性层拆除	刚性层厚度	m²	按铲除部位的面积计算	1. 铲除 2. 控制扬尘 3. 清理 4. 建渣场内、外运输
011607002	防水层拆除	防水层种类			

8. 铲除油漆涂料裱糊面

铲除油漆涂料裱糊面工程量清单项目设置、项目特征描述的内容、计量单位及工程量计算规则应按表11-8的规定执行。

表 11-8 铲除油漆涂料裱糊面（编码：011608）

项目编码	项目名称	项目特征	计量单位	工程量计算规则	工程内容
011608001	铲除油漆面	1. 铲除部位名称 2. 铲除部位的截面尺寸	1. m² 2. m	1. 以平方米计量，按铲除部位的面积计算 2. 以米计量，按铲除部位的延长米计算	1. 铲除 2. 控制扬尘 3. 清理 4. 建渣场内、外运输
011608002	铲除涂料面				
011608003	铲除裱糊面				

注：1. 单独铲除油漆涂料裱糊面的工程按本表中的项目编码列项。
　　2. 铲除部位名称的描述指墙面、柱面、天棚、门窗等。
　　3. 按米计量，必须描述铲除部位的截面尺寸；以平方米计量时，则不用描述铲除部位的截面尺寸。

9. 栏杆栏板、轻质隔断隔墙拆除

栏杆栏板、轻质隔断隔墙拆除工程量清单项目设置、项目特征描述的内容、计量单位及工程量计算规则应按表11-9的规定执行。

表 11-9　栏杆栏板、轻质隔断隔墙拆除（编码：011609）

项目编码	项目名称	项目特征	计量单位	工程量计算规则	工程内容
011609001	栏杆、栏板拆除	1. 栏杆（板）的高度 2. 栏杆、栏板种类	1. m² 2. m	1. 以平方米计算,按拆除部位的面积计算 2. 以米计量,按拆除的延长米计算	1. 拆除 2. 控制扬尘 3. 清理 4. 建渣场内、外运输
011609002	隔断隔墙拆除	1. 拆除隔墙的骨架种类 2. 拆除隔墙的饰面种类	m²	按拆除部位的面积计算	

注：以平方米计量,不用描述栏杆（板）的高度。

10. 门窗拆除

门窗拆除工程量清单项目设置、项目特征描述的内容、计量单位及工程量计算规则应按表 11-10 的规定执行。

表 11-10　门窗拆除（编码：011610）

项目编码	项目名称	项目特征	计量单位	工程量计算规则	工程内容
011610001	木门窗拆除	1. 室内高度 2. 门窗洞口尺寸	1. m² 2. 樘	1. 以平方米计量,按拆除面积计算 2. 以樘计量,按拆除樘数计算	1. 拆除 2. 控制扬尘 3. 清理 4. 建渣场内、外运输
011610002	金属门窗拆除				

注：门窗拆除以平方米计量,不用描述门窗的洞口尺寸。室内高度指室内楼地面至门窗的上边框。

11. 金属构件拆除

金属构件拆除工程量清单项目设置、项目特征描述的内容、计量单位及工程量计算规则应按表 11-11 的规定执行。

表 11-11　金属构件拆除（编码：011611）

项目编码	项目名称	项目特征	计量单位	工程量计算规则	工程内容
011611001	钢梁拆除		1. t 2. m	1. 以吨计量,按拆除构件的质量计算 2. 以米计量,按拆除延长米计算	1. 拆除 2. 控制扬尘 3. 清理 4. 建渣场内、外运输
011611002	钢柱拆除		1. t 2. m		
011611003	钢网架拆除	1. 构件名称 2. 拆除构件的规格、尺寸	t	按拆除构件的质量计算	
011611004	钢支撑、钢墙架拆除		1. t 2. m	1. 以吨计量,按拆除构件的质量计算 2. 以米计量,按拆除延长米计算	
011611005	其他金属构件拆除				

12. 管道及卫生洁具拆除

管道及卫生洁具拆除工程量清单项目设置、项目特征描述的内容、计量单位及工程量计算规则应按表 11-12 的规定执行。

表 11-12　管道及卫生洁具拆除（编码：011612）

项目编码	项目名称	项目特征	计量单位	工程量计算规则	工程内容
011612001	管道拆除	1. 管道种类、材质 2. 管道上的附着物种类	m	按拆除管道的延长米计算	1. 拆除 2. 控制扬尘 3. 清理 4. 建渣场内、外运输
011612002	卫生洁具拆除	卫生洁具种类	1. 套 2. 个	按拆除的数量计算	

13. 灯具、玻璃拆除

灯具、玻璃拆除工程量清单项目设置、项目特征描述的内容、计量单位及工程量计算规则应按表 11-13 的规定执行。

表 11-13　灯具、玻璃拆除（编码：011613）

项目编码	项目名称	项目特征	计量单位	工程量计算规则	工程内容
011613001	灯具拆除	1. 拆除灯具高度 2. 灯具种类	套	按拆除的数量计算	1. 拆除 2. 控制扬尘 3. 清理 4. 建渣场内、外运输
011613002	玻璃拆除	1. 玻璃厚度 2. 拆除部位	m²	按拆除的面积计算	

注：拆除部位的描述指门窗玻璃、隔断玻璃、墙玻璃、家具玻璃等。

14. 其他构件拆除

其他构件拆除工程量清单项目设置、项目特征描述的内容、计量单位及工程量计算规则应按表 11-14 的规定执行。

表 11-14　其他构件拆除（编码：011614）

项目编码	项目名称	项目特征	计量单位	工程量计算规则	工程内容
011614001	暖气罩拆除	暖气罩材质	1. 个 2. m	1. 以个为单位计量，按拆除个数计算 2. 以米为单位计量，按拆除延长米计算	1. 拆除 2. 控制扬尘 3. 清理 4. 建渣场内、外运输
011614002	柜体拆除	1. 柜体材质 2. 柜体尺寸：长、宽、高			
011614003	窗台板拆除	窗台板平面尺寸	1. 块 2. m	1. 以块计量，按拆除数量计算 2. 以米计量，按拆除的延长米计算	
011614004	筒子板拆除	筒子板的平面尺寸			
011614005	窗帘盒拆除	窗帘盒的平面尺寸	m	按拆除的延长米计算	
011614006	窗帘轨拆除	窗帘轨的材质			

注：双轨窗帘轨拆除按双轨长度分别计算工程量。

15. 开孔（打洞）

开孔（打洞）工程量清单项目设置、项目特征描述的内容、计量单位及工程量计算规则应按表 11-15 的规定执行。

表 11-15　开孔（打洞）（编码：011615）

项目编码	项目名称	项目特征	计量单位	工程量计算规则	工程内容
011615001	开孔（打洞）	1. 部位 2. 打洞部位材质 3. 洞尺寸	个	按数量计算	1. 拆除 2. 控制扬尘 3. 清理 4. 建渣场内、外运输

注：1. 部位可描述为墙面或楼板。

2. 打洞部位材质可描述为页岩砖或空心砖或钢筋混凝土等。

11.2　拆除工程定额工程量计算规则

1. 定额说明

1）《房屋建筑与装饰工程消耗量》（TY 01—31—2021）拆除工程适用于房屋工程施工过程中及二次装修前的拆除工程。

2）《房屋建筑与装饰工程消耗量》（TY 01—31—2021）拆除工程包括砌体拆除、混凝土及钢筋混凝土构件拆除、抹灰层铲除、块料面层铲除、龙骨及饰面拆除、油漆涂料裱糊面铲除、栏杆扶手拆除、门窗拆除、管道拆除、卫生洁具拆除、一般灯具拆除、其他构配件拆除以及楼层运出垃圾、建筑垃圾外运共十三节。

3）采用控制爆破拆除或机械整体性拆除者，另行处理。

4）拆除均按非保护性拆除考虑，如需要采取保护性拆除以及利用拆除后的旧材料抵减拆除人工费者，由发包方与承包方协商处理。

5）拆除工程消耗量除说明者外不分人工或机械操作，均按消耗量执行。

6）墙体凿门窗洞口者套用相应墙体拆除项目，洞口面积在 $0.5m^2$ 以内者，相应项目的人工乘以系数 3.00，洞口面积在 $1.0m^2$ 以内者，相应项目的人工乘以系数 2.40。

7）混凝土构件拆除机械按风炮机编制，如采用切割机械无损拆除局部混凝土构件，另按无损切割项目执行。

8）地面抹灰层与块料面层铲除不包括找平层，如需铲除找平层者，每 $10m^2$ 增加人工 0.20 工日。楼梯面层拆除按相应楼地面拆除项目乘以系数 1.65。

9）拆除带支架防静电地板按带龙骨木地板项目人工乘以系数 1.30。

10）整樘门窗、门窗框及钢门窗拆除，按每樘面积 $2.5m^2$ 以内考虑，面积在 $4m^2$ 以内者，人工乘以系数 1.30；面积超过 $4m^2$ 者，人工乘以系数 1.50。

11）钢筋混凝土构件拆除按起重机械配合拆除考虑，实际使用机械与取定机械型号规格不同者，按消耗量执行。

12）楼层运出垃圾其垂直运输机械不分卷扬机、施工电梯或塔式起重机，均按消耗量执行，如采用人力运输，每 $10m^3$ 按垂直运输距离每 5m 增加人工 0.78 工日，并取消楼层运出垃圾项目中相应的机械费。

2. 工程量计算规则

1）墙体拆除：各种墙体拆除按实拆墙体体积计算，不扣除 $0.30m^2$ 以内孔洞和构件所占的体积。隔墙及隔断的拆除按实拆面积计算。

2）钢筋混凝土构件拆除：混凝土及钢筋混凝土的拆除按实拆体积计算，楼梯拆除按水平投影面积计算，无损切割按切割构件断面面积计算，钻芯按实钻孔数以数量计算。

3）抹灰层铲除：楼地面、墙柱面、天棚面抹灰层铲除均按实际铲除面积计算；踢脚线按实际铲除长度计算。

4）块料面层铲除：各种块料面层铲除均按实际铲除面积计算。楼梯面层拆除按楼梯水平投影面积计算，不扣除宽度≤500mm以内的楼梯井。

5）龙骨及饰面拆除：各种龙骨及饰面拆除均按实拆投影面积计算。

6）油漆涂料裱糊面铲除：油漆涂料裱糊面层铲除均按实际铲除面积计算。

7）栏杆扶手拆除：栏杆扶手拆除均按实拆长度计算。

8）门窗拆除：门窗拆除均按实拆数量计算。

9）管道拆除：管道拆除按实拆长度计算。

10）卫生洁具拆除：卫生洁具拆除按实拆数量计算。

11）灯具拆除：各种灯具、插座拆除均按实拆数量计算。

12）其他构配件拆除：暖气罩、嵌入式柜体拆除按正立面边框外围尺寸垂直投影面积计算，窗台板拆除按实拆长度计算，筒子板拆除按洞口内侧长度计算，窗帘盒、窗帘轨拆除按实拆长度计算，干挂石材骨架拆除按拆除构件的质量计算，干挂预埋件拆除按实拆数量计算，防火隔离带按实拆长度计算。

13）建筑垃圾外运按虚方体积计算。

11.3 措施项目工程量计算规则

1. 脚手架工程

脚手架工程工程量清单项目设置、项目特征描述的内容、计量单位及工程量计算规则应按表11-16的规定执行。

表 11-16 脚手架工程（编码：011701）

项目编码	项目名称	项目特征	计量单位	工程量计算规则	工程内容
011701001	综合脚手架	1. 建筑结构形式 2. 檐口高度	m²	按建筑面积计算	1. 场内、场外材料搬运 2. 搭、拆脚手架、斜道、上料平台 3. 安全网的铺设 4. 选择附墙点与主体连接 5. 测试电动装置、安全锁等 6. 拆除脚手架后材料的堆放
011701002	外脚手架	1. 搭设方式 2. 搭设高度 3. 脚手架材质		按所服务对象的垂直投影面积计算	1. 场内、场外材料搬运 2. 搭、拆脚手架、斜道、上料平台 3. 安全网的铺设 4. 拆除脚手架后材料的堆放
011701003	里脚手架				
011701004	悬空脚手架	1. 搭设方式 2. 悬挑宽度 3. 脚手架材质		按搭设的水平投影面积计算	
011701005	挑脚手架		m	按搭设长度乘以搭设层数以延长米计算	
011701006	满堂脚手架	1. 搭设方式 2. 搭设高度 3. 脚手架材质	m²	按搭设的水平投影面积计算	

（续）

项目编码	项目名称	项目特征	计量单位	工程量计算规则	工程内容
011701007	整体提升架	1. 搭设方式及启动装置 2. 搭设高度	m²	按所服务对象的垂直投影面积计算	1. 场内、场外材料搬运 2. 选择附墙点与主体连接 3. 搭、拆脚手架、斜道、上料平台 4. 安全网的铺设 5. 测试电动装置、安全锁等 6. 拆除脚手架后材料的堆放
011701008	外装饰吊篮	1. 升降方式及启动装置 2. 搭设高度及吊篮型号			1. 场内、场外材料搬运 2. 吊篮的安装 3. 测试电动装置、安全锁平衡控制器等 4. 吊篮的拆卸

注：1. 使用综合脚手架时，不再使用外脚手架、里脚手架等单项脚手架；综合脚手架适用于能够按"建筑面积计算规则"计算建筑面积的建筑工程脚手架，不适用于房屋加层、构筑物及附属工程脚手架。

2. 同一建筑物有不同檐高时，按建筑物竖向切面分别按不同檐高编列清单项目。

3. 整体提升架已包括 2m 高的防护架体设施。

4. 脚手架材质可以不描述，但应注明由投标人根据工程实际情况按照国家现行标准《建筑施工扣件式钢管脚手架安全技术规范》JGJ 130、《建筑施工附着升降脚手架管理暂行规定》（建〔2000〕230 号）等规范自行确定。

2. 混凝土模板及支架（撑）

混凝土模板及支架（撑）工程量清单项目设置、项目特征描述的内容、计量单位及工程量计算规则应按表 11-17 的规定执行。

表 11-17　混凝土模板及支架（撑）（编码：011702）

项目编码	项目名称	项目特征	计量单位	工程量计算规则	工程内容
011702001	基础	基础类型	m²	按模板与现浇混凝土构件的接触面积计算 1. 现浇钢筋混凝土墙、板单孔面积≤0.3m²的孔洞不予扣除，洞侧壁模板亦不增加；单孔面积>0.3m²时应予扣除，洞侧壁模板面积并入墙、板工程量内计算 2. 现浇框架分别按梁、板、柱有关规定计算；附墙柱、暗梁、暗柱并入墙内工程量内计算 3. 柱、梁、墙、板相互连接的重叠部分，均不计算模板面积 4. 构造柱按图示外露部分计算模板面积	1. 模板制作 2. 模板安装、拆除、整理堆放及场内外运输 3. 清理模板粘结物及模内杂物、刷隔离剂等
011702002	矩形柱				
011702003	构造柱				
011702004	异型柱	柱截面形状			
011702005	基础梁	梁截面形状			
011702006	矩形梁	支撑高度			
011702007	异型梁	1. 梁截面形状 2. 支撑高度			
011702008	圈梁				
011702009	过梁				
011702010	弧形、拱形梁	1. 梁截面形状 2. 支撑高度			

（续）

项目编码	项目名称	项目特征	计量单位	工程量计算规则	工程内容
011702011	直形墙			按模板与现浇混凝土构件的接触面积计算	
011702012	弧形墙				
011702013	短肢剪力墙、电梯井壁			1. 现浇钢筋混凝土墙、板单孔面积≤0.3m² 的孔洞不予扣除，洞侧壁模板亦不增加；单孔面积>0.3m² 时应予扣除，洞侧壁模板面积并入墙、板工程量内计算	
011702014	有梁板				
011702015	无梁板				
011702016	平板				
011702017	拱板	支撑高度		2. 现浇框架分别按梁、板、柱有关规定计算；附墙柱、暗梁、暗柱并入墙内工程量内计算	
011702018	薄壳板				
011702019	空心板			3. 柱、梁、墙、板相互连接的重叠部分，均不计算模板面积	
011702020	其他板				
011702021	栏板			4. 构造柱按图示外露部分计算模板面积	
011702022	天沟、檐沟	构件类型	m²	按模板与现浇混凝土构件的接触面积计算	1. 模板制作 2. 模板安装、拆除、整理堆放及场内、外运输 3. 清理模板粘结物及模内杂物、刷隔离剂等
011702023	雨篷、悬挑板、阳台板	1. 构件类型 2. 板厚度		按图示外挑部分尺寸的水平投影面积计算，挑出墙外的悬臂梁及板边不另计算	
011702024	楼梯	类型		按楼梯（包括休息平台、平台梁、斜梁和楼层板的连接梁）的水平投影面积计算，不扣除宽度≤500mm的楼梯井所占面积，楼梯踏步、踏步板、平台梁等侧面模板不另计算，伸入墙内部分亦不增加	
011702025	其他现浇构件	构件类型		按模板与现浇混凝土构件的接触面积计算	
011702026	电缆沟、地沟	1. 沟类型 2. 沟截面		按模板与电缆沟、地沟接触的面积计算	
011702027	台阶	台阶踏步宽		按图示台阶水平投影面积计算，台阶端头两侧不另计算模板面积。架空式混凝土台阶，按现浇楼梯计算	
011702028	扶手	扶手断面尺寸		按模板与扶手的接触面积计算	

(续)

项目编码	项目名称	项目特征	计量单位	工程量计算规则	工程内容
011702029	散水		m²	按模板与散水的接触面积计算	1. 模板制作 2. 模板安装、拆除、整理堆放及场内外运输 3. 清理模板粘结物及模内杂物、刷隔离剂等
011702030	后浇带	后浇带部位		按模板与后浇带的接触面积计算	
011702031	化粪池	1. 化粪池部位 2. 化粪池规格		按模板与混凝土接触面积计算	
011702032	检查井	1. 检查井部位 2. 检查井规格			

注：1. 原槽浇灌的混凝土基础，不计算模板。

2. 混凝土模板及支撑（架）项目，只适用于以平方米计量，按模板与混凝土构件的接触面积计算。以立方米计量的模板及支撑（支架），按混凝土及钢筋混凝土实体项目执行，其综合单价中应包含模板及支撑（支架）。

3. 采用清水模板时，应在特征中注明。

4. 若现浇混凝土梁、板支撑高度超过3.6m时，项目特征应描述支撑高度。

3. 垂直运输

垂直运输工程量清单项目设置、项目特征描述的内容、计量单位及工程量计算规则应按表11-18的规定执行。

表11-18 垂直运输（编码：011703）

项目编码	项目名称	项目特征	计量单位	工程量计算规则	工程内容
011703001	垂直运输	1. 建筑物建筑类型及结构形式 2. 地下室建筑面积 3. 建筑物檐口高度、层数	1. m² 2. 天	1. 按建筑面积计算 2. 按施工工期日历天数计算	1. 垂直运输机械的固定装置、基础制作、安装 2. 行走式垂直运输机械轨道的铺设、拆除、摊销

注：1. 建筑物的檐口高度是指设计室外地坪至檐口滴水的高度（平屋顶系指屋面板底高度），突出主体建筑物屋顶的电梯机房、楼梯出同口、水箱间、瞭望塔、排烟机房等不计入檐口高度。

2. 垂直运输指施工工程在合理工期内所需垂直运输机械。

3. 同一建筑物有不同檐高时，按建筑物的不同檐高做纵向分割，分别计算建筑面积，以不同檐高分别编码列项。

4. 超高施工增加

超高施工增加工程量清单项目设置、项目特征描述的内容、计量单位及工程量计算规则应按表11-19的规定执行。

表11-19 超高施工增加（编码：011704）

项目编码	项目名称	项目特征	计量单位	工程量计算规则	工程内容
011704001	超高施工增加	1. 建筑物建筑类型及结构形式 2. 建筑物檐口高度、层数 3. 单层建筑物檐口高度超过20m，多层建筑物超过6层部分的建筑面积	m²	按建筑物超高部分的建筑面积计算	1. 建筑物超高引起的人工工效降低以及由于人工工效降低引起的机械降效 2. 高层施工用水加压水泵的安装、拆除及工作台班 3. 通信联络设备的使用及摊销

注：1. 单层建筑物檐口高度超过20m，多层建筑物超过6层时，可按超高部分的建筑面积计算超高施工增加。计算层数时，地下室不计入层数。

2. 同一建筑物有不同檐高时，可按不同高度的建筑面积分别计算建筑面积，以不同檐高分别编码列项。

5. 大型机械设备进出场及安拆

大型机械设备进出场及安拆工程量清单项目设置、项目特征描述的内容、计量单位及工程量计算规则应按表 11-20 的规定执行。

表 11-20　大型机械设备进出场及安拆（编码：011705）

项目编码	项目名称	项目特征	计量单位	工程量计算规则	工程内容
011705001	大型机械设备进出场及安拆	1. 机械设备名称 2. 机械设备规格型号	台次	按使用机械设备的数量计算	1. 安拆费包括施工机械、设备在现场进行安装拆卸所需人工、材料、机械和试运转费用以及机械辅助设施的折旧、搭设、拆除等费用 2. 进出场费包括施工机械、设备整体或分体自停放地点运至施工现场或由一施工地点运至另一施工地点所发生的运输、装卸、辅助材料等费用

6. 施工排水、降水

施工排水、降水工程量清单项目设置、项目特征描述的内容、计量单位及工程量计算规则应按表 11-21 的规定执行。

表 11-21　施工排水、降水（编码：011706）

项目编码	项目名称	项目特征	计量单位	工程量计算规则	工程内容
011706001	成井	1. 成井方式 2. 地层情况 3. 成井直径 4. 井(滤)管类型、直径	m	按设计图示尺寸以钻孔深度计算	1. 准备钻孔机械、埋设护筒、钻机就位；泥浆制作、固壁；成孔、出渣、清孔等 2. 对接上、下井管(滤管)，焊接，安放，下滤料，洗井，连接试抽等
011706002	排水、降水	1. 机械规格型号 2. 降排水管规格	昼夜	按排、降水日历天数计算	1. 管道安装、拆除，场内搬运等 2. 抽水、值班、降水设备维修等

注：相应专项设计不具备时，可按暂估量计算。

7. 安全文明施工及其他措施项目

安全文明施工及其他措施项目工程量清单项目设置、工作内容及包含范围应按表 11-22 的规定执行。

表 11-22　安全文明施工及其他措施项目（编码：011707）

项目编码	项目名称	工作内容及包含范围
011707001	安全文明施工	1. 环境保护：现场施工机械设备降低噪声、防扰民措施；水泥和其他易飞扬细颗粒建筑材料密闭存放或采取覆盖措施等；工程防扬尘洒水；土石方、建渣外运车辆防护措施等；现场污染源的控制、生活垃圾清理外运、场地排水排污措施；其他环境保护措施

(续)

项目编码	项目名称	工作内容及包含范围
011707001	安全文明施工	2. 文明施工:"五牌一图";现场围挡的墙面美化(包括内外粉刷、刷白、标语等)、压顶装饰;现场厕所便槽刷白、贴面砖,水泥砂浆地面或地砖,建筑物内临时便溺设施;其他施工现场临时设施的装饰装修、美化措施;现场生活卫生设施;符合卫生要求的饮水设备、淋浴、消毒等设施;生活用洁净燃料;防煤气中毒、防蚊虫叮咬等措施;施工现场操作场地的硬化;现场绿化、治安综合治理;现场配备医药保健器材、物品和急救人员培训;现场工人的防暑降温、电风扇、空调等设备及用电;其他文明施工措施 3. 安全施工:安全资料、特殊作业专项方案的编制,安全施工标志的购置及安全宣传;"三宝"(安全帽、安全带、安全网)、"四口"(楼梯口、电梯井口、通道口、预留洞口)、"五临边"(阳台围边、楼板围边、屋面围边、槽坑围边、卸料平台两侧),水平防护架、垂直防护架、外架封闭等防护;施工安全用电,包括配电箱三级配电、两级保护装置要求、外电防护措施;起重机、塔式起重机等起重设备(含井架、门架)及外用电梯的安全防护措施(含警示标志)及卸料平台的临边防护、层间安全门、防护棚等设施;建筑工地起重机械的检验检测;施工机具防护棚及其围栏的安全保护设施;施工安全防护通道;工人的安全防护用品、用具购置;消防设施与消防器材的配置;电气保护、安全照明设施;其他安全防护措施 4. 临时设施:施工现场采用彩色、定型钢板、砖、混凝土砌块等围挡的安砌、维修、拆除;施工现场临时建筑物、构筑物的搭设、维修、拆除,如临时宿舍、办公室、食堂、厨房、厕所、诊疗所、临时文化福利用房、临时仓库、加工场、搅拌台、临时简易水塔、水池等;施工现场临时设施的搭设、维修、拆除,如临时供水管道、临时供电管线、小型临时设施等;施工现场规定范围内临时简易道路铺设,临时排水沟、排水设施安砌、维修、拆除;其他临时设施搭设、维修、拆除
011707002	夜间施工	1. 夜间固定照明灯具和临时可移动照明灯具的设置、拆除 2. 夜间施工时,施工现场交通标志、安全警牌、警示灯等的设置、移动、拆除 3. 包括夜间照明设备及照明用电、施工人员夜班补助、夜间施工劳动效率降低等
011707003	非夜间施工照明	为保证工程施工正常进行,在地下室等特殊施工部位施工时所采用的照明设备的安拆、维护及照明用电等
011707004	二次搬运	由于施工场地条件限制而发生的材料、成品、半成品等一次运输不能到达堆放地点,必须进行的二次或多次搬运
011707005	冬雨期施工	1. 冬雨(风)期施工时增加的临时设施(防寒保温、防雨、防风设施)的搭设、拆除 2. 冬雨(风)期施工时,对砌体、混凝土等采用的特殊加温、保温和养护措施 3. 冬雨(风)期施工时,施工现场的防滑处理,对影响施工的雨雪的清除 4. 包括冬雨(风)期施工时增加的临时设施、施工人员的劳动保护用品、冬雨(风)期施工劳动效率降低等
011707006	地上、地下设施、建筑物的临时保护设施	在工程施工过程中,对已建成的地上、地下设施和建筑物进行的遮盖、封闭、隔离等必要保护措施
011707007	已完工程及设备保护	对已完工程及设备采取的覆盖、包裹、封闭、隔离等必要保护措施

注:本表所列项目应根据工程实际情况计算措施项目费用,需分摊的应合理计算推销费用。

11.4 措施项目定额工程量计算规则

1. 定额说明

1)《房屋建筑与装饰工程消耗量》(TY 01—31—2021)措施项目包括脚手架,垂直运输，建筑物超高增加费，大型机械设备进出场及安拆，施工排水、降水等五节。

2）建筑物檐高以设计室外地坪至檐口滴水高度（平屋顶系指屋面板底高度，斜屋面系指外墙外边线与斜屋面板底的交点）为准。凸出主体建筑屋顶的楼梯间、电梯间、水箱间、屋面天窗等不计入檐口高度内。

3）同一建筑物有不同檐高时，按建筑物的不同檐高纵向分割，分别计算建筑面积，并按各自的檐高执行相应项目。建筑物多种结构按不同结构分别计算。

4）脚手架工程。

① 一般说明。

a. 脚手架措施项目是指施工需要的脚手架搭、拆、运输及脚手架摊销的工料消耗。

b. 脚手架措施项目材料均按钢管式脚手架编制。

c. 各项脚手架用量中未包括脚手架基础加固。基础加固是指脚手架立杆下端以下或脚手架底座下皮以下的一切做法。

d. 室内净高超过 3.6m 的天棚抹灰所需的脚手架按满堂脚手架项目执行；室内凡计算了满堂脚手架，墙面装饰不再计算墙面粉饰脚手架，只按每 $100m^2$ 墙面垂直投影面积增加改架一般技工 1.28 工日。

② 综合脚手架。

a. 单层建筑综合脚手架适用于檐高 20m 以内的单层建筑工程。

b. 单层建筑工程执行单层建筑综合脚手架项目；二层及二层以上的建筑工程执行多层建筑综合脚手架项目；地下室部分执行地下室综合脚手架项目，地下室工程位于设计室外地坪以上部分超过层高一半者，其全部工程执行相应地上综合脚手架项目。

c. 综合脚手架中包括外墙砌筑及外墙粉饰、3.6m 以内的内墙砌筑及混凝土浇捣用脚手架以及内墙面和天棚粉饰脚手架。

d. 装配式混凝土结构工程综合脚手架按本章相应项目乘以系数 0.85 计算。

e. 执行综合脚手架，有下列情况者可另执行单项脚手架项目：

a）满堂基础或者高度（垫层上皮至基础顶面）在 1.2m 以外的混凝土或钢筋混凝土基础，按满堂脚手架基本层消耗量乘以系数 0.30。

b）高度在 3.6m 以外的砖内墙，按单排脚手架消耗量乘以系数 0.30；砌筑高度在 3.6m 以外的砌块内墙按相应双排外脚手架消耗量乘以系数 0.30。

c）砌筑高度在 1.2m 以外的屋顶烟囱的脚手架，按设计图示烟囱外围周长另加 3.6m 乘以烟囱出屋顶高度以面积计算，执行里脚手架项目。

d）砌筑高度在 1.2m 以外的管沟墙及砖基础按设计图示砌筑长度乘以高度以面积计算，执行里脚手架项目。

e）墙面粉饰高度在 3.6m 以外的执行内墙面粉饰脚手架项目。

f）按照《建筑工程建筑面积计算规范》（GB/T 50353—2013）的有关规定未计入建筑面积，但施工过程中需搭设脚手架的施工部位。

f. 凡不适宜使用综合脚手架的项目，可按相应的单项脚手架项目执行。

③ 单项脚手架。

a. 建筑物外墙脚手架，设计室外地坪至檐口的砌筑高度在 15m 以内的按单排脚手架计算；砌筑高度在 15m 以外或砌筑高度虽然不足 15m，但外墙门窗及装饰面积超过外墙表面积60%的，执行双排脚手架项目。

b. 外脚手架消耗量中已综合斜道、上料平台、护卫栏杆等。

c. 建筑物内墙脚手架，设计室内地坪至板底（或山墙高度的1/2处）的砌筑高度在3.6m以内的，执行里脚手架项目。

d. 围墙脚手架，室外地坪至围墙顶面的砌筑高度在3.6m以内的，按里脚手架计算；砌筑高度在3.6m以外的，执行单排外脚手架项目。

e. 石砌墙体，砌筑高度在1.2m以外的，执行双排外脚手架项目。

f. 大型设备基础，凡距地坪高度在1.2m以外的，执行双排外脚手架项目。

g. 挑脚手架适用于外檐挑檐等部位的局部装饰。

h. 悬空脚手架适用于有露明屋架的屋面板勾缝、油漆或喷浆等部位。

i. 整体提升架适用于高层建筑的外墙施工。

j. 吊篮脚手架按外檐粉饰考虑，如幕墙施工使用吊篮脚手架，乘以系数1.70。

k. 独立柱、现浇混凝土单（连续）梁执行双排外脚手架项目乘以系数0.30。

5）垂直运输工程。

① 垂直运输工作内容包括单位工程在合理工期内完成全部工程项目所需要的垂直运输机械台班，不包括机械的场外往返运输、一次安拆及路基铺垫和轨道铺拆等的费用。

② 檐高3.6m以内的单层建筑不计算垂直运输机械台班。

③ 层高按3.6m考虑，超过3.6m者，应另计层高超高垂直运输增加费，每超过1m，其超高部分按相应消耗量增加10%，超高不足1m的按1m计算。

④ 垂直运输是按现行工期定额中规定的Ⅱ类地区标准编制的，Ⅰ、Ⅲ类地区按相应消耗量分别乘以系数0.95和1.10。

⑤ 装配式混凝土结构按照装配率50%编制。装配率40%、60%、70%按相应项目分别乘以系数1.05、0.95、0.90计算。

⑥ 钢结构厂（库）房按装配式混凝土结构（塔式起重机施工）相应消耗量乘以系数0.50。高层商务楼、商住楼、医院、教学楼等钢结构檐高40m以内执行装配式混凝土结构相应项目，檐高40m以上按装配式混凝土结构相应消耗量乘以系数1.30。

⑦ 本章按泵送混凝土考虑，如采用非泵送，垂直运输费按相应项目乘以调增系数（5%~10%），再乘以非泵送混凝土数量占全部混凝土数量的百分比。

6）建筑物超高增加费。

建筑物超高增加费是指檐高超过20m的工程项目，人工和机械效率降低而增加的费用。

7）大型机械设备进出场及安拆。

① 大型机械设备进出场及安拆费是指机械整体或分体自停放场地运至施工现场或由一个施工地点运至另一个施工地点，所发生的机械进出场运输和转移费用，以及机械在施工现场进行安装、拆卸所需的人工费、材料费、机械费、试运转费和安装所需的辅助设施的费用。

② 塔式起重机及施工电梯基础。

a. 塔式起重机轨道铺拆以直线形为准，铺设弧线形时，乘以系数1.15。

b. 固定式基础适用于混凝土体积在10m³以内的塔式起重机基础，超出者按实际混凝土工程、模板工程、钢筋工程分别计算工程量，按"混凝土及钢筋混凝土工程"相应项目执行。

c. 固定式基础如需打桩时，打桩费用另行计算。

③ 大型机械设备安拆费。

a. 机械安拆费是安装、拆卸的一次性费用。

b. 机械安拆费中包括机械安装完毕后的试运转费用。

c. 柴油打桩机的安拆费中已包括轨道的安拆费用。

d. 自升式塔式起重机安拆费按塔高 45m 确定，檐高>45m 且檐高≤200m，塔高每增高 10m，按相应消耗量增加费用 10%，尾数不足 10m 的按 10m 计算。

④ 大型机械设备进出场费。

a. 进出场费中已包括往返一次的费用，其中回程费按单程运费的 25% 考虑。

b. 进出场费中已包括了臂杆、铲斗及附件、道木、道轨的运费。

c. 机械运输路途中的台班费不另计取。

⑤ 大型机械现场的行驶路线需修整铺垫时，其人工修整可按实际计算。同一施工现场各建筑物之间的运输按 100m 以内综合考虑，如转移距离超过 100m，在 300m 以内的，按相应场外运输费用乘以系数 0.30；在 500m 以内的，按相应场外运输费用乘以系数 0.60。使用道木铺垫按 15 次摊销，使用碎石零星铺垫按一次摊销。

8）施工排水、降水。

① 轻型井点以 50 根为一套，喷射井点以 30 根为一套，使用时累计根数轻型井点少于 25 根，喷射井点少于 15 根，使用费按相应消耗量乘以系数 0.70。

② 井管间距应根据地质条件和施工降水要求，按施工组织设计确定，施工组织设计未考虑时，可按轻型井点管距 1.2m、喷射井点管距 2.5m 确定。

③ 直流深井降水成孔直径不同时，只调整相应的黄沙含量，其余不变；PVC-U 加筋管直径不同时，调整管材价格的同时，按管子周长的比例调整相应的密目网及铁丝。

④ 排水井分集水井和大口井两种。集水井项目按基坑内设置考虑，井深在 4m 以内，按本消耗量计算；井深超过 4m，按比例调整。大口井按井管直径分两种规格，抽水结束时回填大口井的人工和材料未包括在用量内，实际发生时应另行计算。

2. 工程量计算规则

（1）脚手架工程

1）综合脚手架按设计图示尺寸以建筑面积计算。

2）单项脚手架。

① 外脚手架、整体提升架按外墙外边线长度（含墙垛及附墙井道）乘以外墙高度以面积计算。

② 计算内、外墙脚手架时，均不扣除门、窗、洞口、空圈等所占面积。同一建筑物檐高不同时，应按不同檐高分别计算。

③ 里脚手架按墙面垂直投影面积计算。

④ 独立柱按设计图示尺寸，以结构外围周长另加 3.6m 乘以高度以面积计算。

⑤ 现浇钢筋混凝土梁按梁顶面至地面（或楼面）间的高度乘以梁净长以面积计算。

⑥ 满堂脚手架按室内净面积计算，其高度在 3.6～5.2m 之间时计算基本层，5.2m 以外，每增加 1.2m 计算一个增加层，不足 0.6m 按一个增加层乘以系数 0.50 计算。计算公式如下：

$$满堂脚手架增加层=(室内净高-5.2m)/1.2m$$

⑦ 活动脚手架按室内地面净面积计算，不扣除柱、垛、间壁墙所占面积。

⑧ 水平防护架按设计图示建筑物临街长度另加10m，乘以搭设宽度以面积计算；垂直防护架按设计图示建筑物临街长度乘以建筑物檐高以面积计算。

⑨ 单独斜道以外墙面积计算，不扣除门窗洞口面积。

⑩ 挑脚手架按搭设长度乘以层数以长度计算。

⑪ 悬空脚手架按搭设水平投影面积计算。

⑫ 吊篮脚手架按外墙垂直投影面积计算，不扣除门窗洞口所占面积。

⑬ 内墙面粉饰脚手架按内墙面垂直投影面积计算，不扣除门窗洞口所占面积。

⑭ 立挂式安全网按架网部分的实挂长度乘以实挂高度以面积计算。

⑮ 挑出式安全网按挑出的水平投影面积计算。

（2）垂直运输工程　建筑物垂直运输机械台班用量，区分不同建筑物结构及檐高按建筑面积计算。地下室面积与地上面积合并计算，独立地下室由各地根据实际自行补充。

（3）建筑物超高增加费　建筑物超高增加费按建筑物超高部分的建筑面积计算。

（4）大型机械设备进出场及安拆

1）大型机械设备安拆费按"台·次"计算。

2）大型机械设备进出场费按"台·次"计算。

（5）施工排水、降水

1）轻型井点、喷射井点排水的井管安装、拆除以"根"为单位计算，使用以"套·天"计算；真空深井、自流深井排水的安装拆除以每口井计算，使用以"每口井·天"计算。

2）使用天数以每昼夜（24h）为一天，并按施工组织设计要求的使用天数计算。

3）集水井按设计图示数量以"座"计算，大口井按累计井深以长度计算。

11.5　拆除工程及措施项目工程量清单编制实例

实例1　某单层建筑物搭设满堂脚手架的工程量计算

某单层建筑物搭设的脚手架示意图如图11-1所示，计算搭设满堂脚手架的工程量。

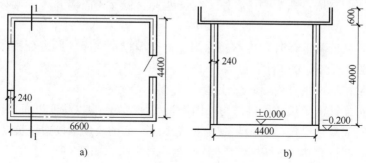

图11-1　某单层建筑物搭设的脚手架示意图

a）平面图　b）1-1剖面图

【解】

$$脚手架搭设面积 = (6.6+0.24)×(4.4+0.24)$$
$$= 6.84×4.64$$
$$≈ 31.74 （m^2）$$

实例2　某建筑物顶层抹灰满堂脚手架费用的计算

某建筑物示意图如图11-2所示，试计算顶层抹灰满堂脚手架费用。（$P_{5.2}$=173.17元/100m^2，$P_{1.2}$=40.27元/100m^2）

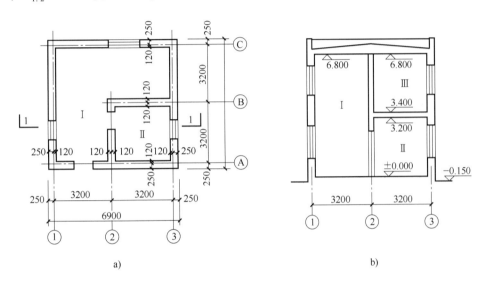

图11-2　某建筑物示意图
a）平面图　b）1-1剖面图

【解】

房间 I 天棚高度 H_{I}=6.8m>3.6m，房间 II 天棚高度 H_{II}=3.2m<3.6m，故只有房间 I 应按满堂脚手架另计算脚手架费用，且 H_{I}>5.2m，应有增加层。

（1）确定增加层数 $N = (H_{I}-5.2)/1.2$
$$= (6.8-5.2)/1.2$$
$$≈ 1 （层）$$

（2）室内净空面积 $= (6.4-0.12×2)^2-3.2^2$
$$= 37.9456-10.24$$
$$≈ 27.71 （m^2）$$

（3）满堂脚手架费用 $P_{满}$ = 27.71×(173.17+40.27×1)
$$= 27.71×213.44$$
$$≈ 5914.42 （元）$$

实例3　某女儿墙单层建筑脚手架的工程量计算

某女儿墙如图11-3所示，计算有女儿墙单层建筑脚手架的工程量。

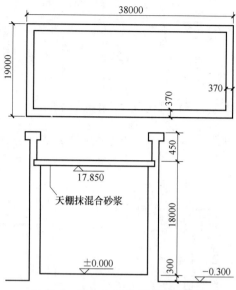

图 11-3 某女儿墙单层建筑示意图

【解】

（1）综合脚手架工程量

1）综合脚手架基本层 = 38×19 = 722（m²）

2）综合脚手架增加层 = (0.3+18+0.45-6)/1 ≈ 13（层）

（2）满堂脚手架工程量

1）满堂脚手架 = (38-0.37×2)×(19-0.37×2)

$$= 37.26×18.26$$

$$≈ 680.37（m²）$$

2）增加层数 = (17.85-5.2)/1.2 ≈ 11（层）

实例 4　某活动中心脚手架的工程量计算

某单位活动中心示意图如图 11-4 所示，天棚为埃特板面层，试计算外墙面装饰脚手架、内墙装饰脚手架、天棚装饰满堂脚手架的搭设工程量。

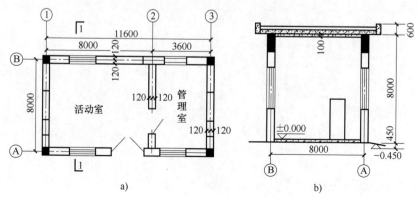

图 11-4　某单位活动中心示意图

a）平面图　b）1-1 剖面图

【解】

（1）外墙面装饰脚手架

[（11.6+2×0.12）+（8+2×0.12）]×2×（0.45+8+0.6）

=40.16×9.05

≈363.45（m²）

（2）内墙装饰脚手架

[（8-2×0.12+3.6-2×0.12）×2+（8-2×0.12）×4]×（8-0.10）

=（22.24+31.04）×7.9

≈420.91（m²）

（3）天棚装饰满堂脚手架

$L_净×B_净$

=（8-2×0.12+3.6-2×0.12）×（8-2×0.12）

=11.12×7.76

≈86.29（m²）

增加层（$F_增$）=（室内净高度-5.2）÷1.2

=（8-5.2）÷1.2

=2.33

≈2（层）

实例5 某建筑物地下室垂直运输费的计算

某建筑物室外地坪以上部分示意图如图11-5所示，带二层地下室，室外地坪以下部分地下层的装饰装修全面积工日总数为650工日，试计算该建筑物地下室的垂直运输费。

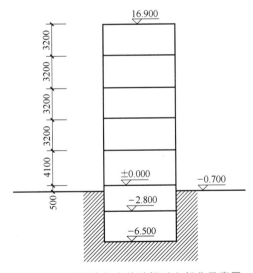

图11-5 某建筑物室外地坪以上部分示意图

【解】

该建筑物设计室外地坪以下部分的垂直运输高度=6.5-0.7=5.8（m）

运输费工程量：650工日

套用《房屋建筑与装饰工程消耗量》（TY 01—31—2021）：17-64

运输直接费 = 6.5×7.914 ≈ 51.44（百元）

实例6 某建筑物超高增加费的计算

某建筑物层数为12层，±0.000以上高度为47.6m，设计室外地坪为-0.500m，如图11-6所示。假设该建筑物所有装饰装修人工费之和为334150元，机械费之和为6942元，计算该建筑物超高增加费。

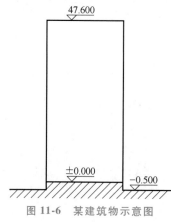

图11-6 某建筑物示意图

【解】

该多层建筑物檐高 = 47.6+0.5 = 48.1（m）

40m<48.1m<60m

该建筑物超高增加费工程量 = （334150+6942）÷100 = 3410.92（百元）

套用《房屋建筑与装饰工程消耗量》（TY 01—31—2021）：17-87

该建筑物超高增加费 = 3410.92×12.5 = 42636.5（百元）

实例7 某综合楼超高施工增加的工程量计算

某综合楼分层及檐高示意图如图11-7所示，图11-7中相应层次建筑面积见表11-23。计算其超高施工增加的工程量。

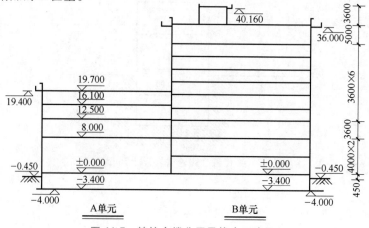

图11-7 某综合楼分层及檐高示意图

表 11-23　相应层次建筑面积

层次	A 单元			B 单元		
	层数	层高/m	建筑面积/m²	层数	层高/m	建筑面积/m²
地下	1	3.4	800	1	3.4	1200
首层	1	8	800	1	4	1200
二层	1	4.5	800	1	4	1200
标准层	1	3.6	800	7	3.6	7000
顶层	1	3.6	800	1	5	1000
屋顶	—	—	—	1	3.6	20
合计	4	—	4000	11	—	11620

【解】

该工程 A 单元檐高 19.85m<20m，B 单元檐高 36.45m>20m，应计算施工超高有关费用，计算基数应按超高面积与单位工程整体面积比例划分，故清单中应描述超高部分面积或所占比例。其中从首层开始计算超高面积 = 11620-1200 = 10420（m²）。

清单工程量见表 11-24。

表 11-24　第 11 章实例 7 清单工程量

项目编码	项目名称	项目特征描述	工程量合计	计量单位
011704001001	超高施工增加	1. 人工降效，机械降效，超高施工加压水泵台班及其他 2. 檐高 20m 内建筑面积 4000m² 3. 檐高 36.45m 建筑面积 11620m²，其中首层地坪以上 10420m²，包括 3.6m 层高 7020m²，4m 层高 2400m²，5m 层高 1000m²	10420	m²

实例 8　某高层建筑物的垂直运输、超高施工增加的工程量计算

某高层建筑示意图如图 11-8 所示，框剪结构，女儿墙高度为 1.8m，施工组织设计中，垂直运输，采用自升式塔式起重机及单笼施工电梯。试计算该高层建筑物的垂直运输、超高施工增加的工程量。

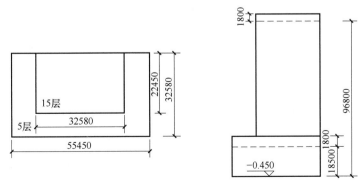

图 11-8　某高层建筑示意图

【解】

（1）垂直运输（檐高 96.80m 以内）$= 55.45 \times 32.58 \times 5 + 32.58 \times 22.45 \times 15$

$= 9032.805 + 10971.315$

$= 20004.12$（m^2）

（2）垂直运输（檐高 18.50m 以内）$= (55.45 \times 32.58 - 32.58 \times 22.45) \times 5$

$= 1075.14 \times 5$

$= 5375.7$（m^2）

（3）超高施工增加 $= 32.58 \times 22.45 \times 14 \approx 10239.89$（$m^2$）

清单工程量见表 11-25。

表 11-25　第 11 章实例 8 清单工程量

项目编码	项目名称	项目特征描述	工程量合计	计量单位
011703001001	垂直运输（檐高 96.80m 以内）	1. 建筑物建筑类型及结构形式：现浇框架结构 2. 建筑物檐口高度、层数：96.80m、20 层	20004.12	m^2
011703001002	垂直运输（檐高 18.50m 以内）	1. 建筑物建筑类型及结构形式：现浇框架结构 2. 建筑物檐口高度、层数：18.50m、5 层	5375.7	m^2
011704001001	超高施工增加	1. 建筑物建筑类型及结构形式：现浇框架结构 2. 建筑物檐口高度、层数：96.80m、20 层	10239.89	m^2

第12章　装饰装修工程工程量清单计价编制实例

12.1　装饰装修工程招标工程量清单编制

现以某楼装饰装修工程为例介绍招标工程量清单编制（由委托工程造价咨询人编制）。

1. 封面（图 12-1）

招标工程量清单封面应填写招标工程项目的具体名称，招标人应盖单位公章，如委托工程造价咨询人编制，还应由其加盖相同单位公章。

招标人委托工程造价咨询人编制招标工程量清单的封面，除招标人盖单位公章外，还应加盖受委托编制招标工程量清单的工程造价咨询人的单位公章。

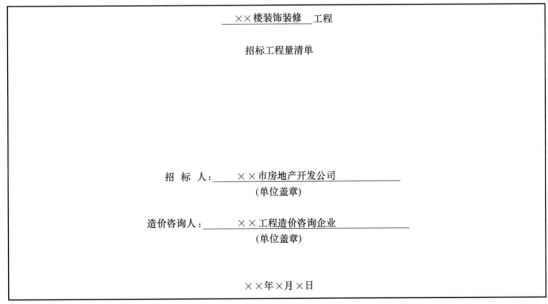

　　　　　　　×× 楼装饰装修　工程

　　　　　　　　　　招标工程量清单

　　　　　　招　标　人：　　××市房地产开发公司
　　　　　　　　　　　　　　　（单位盖章）

　　　　造价咨询人：　　××工程造价咨询企业
　　　　　　　　　　　　　　　（单位盖章）

　　　　　　　　　　××年×月×日

图 12-1　招标工程量清单封面

2. 扉页（图 12-2）

（1）招标人自行编制工程量清单时，招标工程量清单扉页由招标人单位注册的造价人员编制，招标人盖单位公章，法定代表人或其授权人签字或盖章。编制人是造价工程师的，由其签字盖执业专用章；编制人是造价员的，在编制人栏签字盖专用章，应由造价工程师复核，并在复核人栏签字盖执业专用章。

（2）招标人委托工程造价咨询人编制工程量清单时，招标工程量清单扉页由工程造价咨询人单位注册的造价人员编制，工程造价咨询人盖单位资质专用章，法定代表人或其授权人签字或盖章。编制人是造价工程师的，由其签字盖执业专用章；编制人是造价员的，在编制人栏签字盖专用章，应由造价工程师复核，并在复核人栏签字盖执业专用章。

_____××楼装饰装修_____ 工程

招标工程量清单

招标人：_____××市房地产开发公司_____　　　　造价咨询人：_____××工程造价咨询企业_____
（单位盖章）　　　　　　　　　　　　　　　　　　　（单位资质专用章）

法定代表人　　　　　　　　　　　　　　　法定代表人
或其授权人：××市房地产开发公司×××　　或其授权人：××工程造价咨询企业×××
（签字或盖章）　　　　　　　　　　　　　　（签字或盖章）

编制人：_____××××_____　　　　　复核人：_____××××_____
（造价人员签字盖专用章）　　　　　　　　　　（造价工程师签字盖专用章）

编制时间：××年×月×日　　　　　　　　　复核时间：××年×月×日

图 12-2　招标工程量清单扉页

3. 总说明（图 12-3）

编制工程量清单的总说明内容应包括：

（1）工程概况：如建设地址、建设规模、工程特征、交通状况、环保要求等。

（2）工程发包、分包范围。

（3）工程量清单编制依据：如采用的标准、施工图纸、标准图集等。

工程名称：××楼装饰装修工程　　　　　　　　　　　　　　　　　　第1页　共1页

1. 工程概况：该工程建筑面积500m², 其主要使用功能为商住楼；层数为三层，混合结构，建筑高度10.8m。
2. 招标范围：装饰装修安装工程。
3. 工程质量要求：优良工程。
4. 工程量清单编制依据：
　　4.1　由××市建筑工程设计事务所设计的施工图1套；
　　4.2　由××房地产开发公司编制的《××楼装饰装修工程施工招标书》《××楼装饰装修工程招标答疑》；
　　4.3　工程量清单计量按照国标《建设工程工程量清单计价规范》（GB 50500—2013）、《房屋建筑与装饰工程工程量计量规范》（GB 50854—2013）编制。
5. 所有材料必须持有市以上有关部门颁发的《产品合格证书》及价格在中档以上的建筑材料。

图 12-3　总说明

（4）使用材料设备、施工的特殊要求等。

（5）其他需要说明的问题。

4. 分部分项工程和单价措施项目清单与计价表（表 12-1、表 12-2）

编制工程量清单时，分部分项工程和单价措施项目清单与计价表中，"工程名称"栏应填写具体的工程称谓；"项目编码"栏应按相关工程国家计量规范项目编码栏内规定的 9 位数字另加 3 位顺序码填写；"项目名称"栏应按相关工程国家计量规范根据拟建工程实际确定填写；"项目描述"栏应按相关工程国家计量规范根据拟建工程实际予以描述。

"项目描述"栏的具体要求如下：

（1）必须描述的内容

1）涉及正确计量的内容必须描述。

2）涉及结构要求的内容必须描述。如混凝土构件的混凝土强度等级，使用 C20、C30 或 C40 等，因混凝土强度等级不同，其价值也不同，必须描述。

3）涉及材质要求的内容必须描述。如管材的材质，是碳钢管还是塑料管、不锈钢管等；还需要对管材的规格、型号进行描述。

4）涉及安装方式的内容必须描述。如管道工程中钢管的连接方式是螺纹连接还是焊接；塑料管是粘结连接还是热熔连接等必须描述。

（2）可不详细描述的内容

1）无法准确描述的可不详细描述。如土壤类别，由于我国幅员辽阔，南北东西差异较大，特别是对于南方来说，在同一地点，由于表层与表层土以下的土壤，其类别是不同的，要求清单编制人准确判定某类土壤在石方中所占比例是困难的。在这种情况下，可考虑将土壤类别描述为综合，但应注明由投标人根据地勘资料自行确定土壤类别，决定报价。

2）施工图纸、标准图集明确的，可不再详细描述。对这些项目可描述为见××图集××页号及节点大样等。由于施工图纸、标准图集是发承包双方都应遵守的技术文件，这样描述，可以有效减少在施工过程中对项目理解的不一致。

3）有一些项目虽然可不详细描述，但清单编制人在项目特征描述中应注明由投标人自定，如土方工程中的"取土运距""弃土运距"等。

4）一些地方以项目特征见××定额的表述也是值得考虑的。由于现行定额经过了几十年的贯彻实施，每个定额项目实质上都是一定项目特征下的消耗量标准及其价值表示，因此，如清单项目的项目特征与现行定额某些项目的规定是一致的，也可采用见××定额项目的方式予以表述。

（3）特征描述的方式　特征描述的方式大致可划分为"问答式"与"简化式"两种。

1）问答式主要是工程量清单编写者直接采用工程计价软件上提供的规范，在要求描述的项目特征上采用答题的方式进行描述。这种方式的优点是全面、详细，缺点是显得啰嗦，打印用纸较多。

2）简化式则与问答式相反，对需要描述的项目特征内容根据当地的用语习惯，采用口语化的方式直接表述，省略了规范上的描述要求，简洁明了，打印用纸较少。

"计量单位"应按相关工程国家计量规范的规定填写。有的项目规范中有两个或两个以上计量单位的，应按照最适宜计量的方式选择其中一个填写。

"工程量"应按相关工程国家计量规范规定的工程量计算规则计算填写。

按照本表的注示：为了记取规费等的使用，可在表中增设其中："定额人工费"，由于各省、自治区、直辖市以及行业建设主管部门对规费记取基础的不同设置，可灵活处理。

表 12-1　分部分项工程和单价措施项目清单与计价表（一）

工程名称：××楼装饰装修工程　　　　　　　　　标段：　　　　　　　　　第 1 页　共 2 页

序号	项目编码	项目名称	项目特征描述	计量单位	工程量	金额/元		
						综合单价	合价	其中 暂估价
			0111　楼地面工程					
1	011101001001	水泥砂浆楼地面	1. 二层楼面刷水泥砂浆 2. 1：2 水泥砂浆，厚 20mm	m²	10.68			
2	011102001001	石材楼地面	1. C10 混凝土垫层，粒径 40mm，厚 8mm 2. 一层大理石地面，0.80m×0.80m 大理石面层	m²	83.25			
			（其他略）					
			分部小计					
			0112　墙、柱面工程					
3	011201001001	墙面一般抹灰	1. 混合砂浆 15mm 厚 2. 乳胶漆三遍	m²	926.15			
4	011204003001	块料墙面	1. 瓷板墙裙，砖墙面层 2. 1：3 水泥砂浆，17mm 厚	m²	66.32			
			（其他略）					
			分部小计					
			0113　天棚工程					
5	011301001001	天棚抹灰	1. 现浇板底 2. 1：1：4 水泥、石灰砂浆，7mm 厚 3. 1：0.5：3 水泥砂浆，5mm 厚 4. 乳胶漆三遍	m²	123.61			
			分部小计					
			本页小计					
			合　　计					

注：为计取规费等的使用，可在表中增设其中："定额人工费"。

表 12-2　分部分项工程和单价措施项目清单与计价表（二）

工程名称：××楼装饰装修工程　　　　　　　　　标段：　　　　　　　　　第 2 页　共 2 页

序号	项目编码	项目名称	项目特征描述	计量单位	工程量	金额/元		
						综合单价	合价	其中 暂估价
			0113　天棚工程					
6	011302002001	格栅吊顶	1. 不上人型 U 形轻钢龙骨，600×600 2. 600×600 石膏板面层	m²	162.40			
			（其他略）					
			分部小计					
			0108　门窗工程					

（续）

序号	项目编码	项目名称	项目特征描述	计量单位	工程量	金额/元			
						综合单价	合价	其中	
								暂估价	
7	010801001001	胶合板门	1. 胶合板门 M-2 2. 杉木框钉 5mm 厚胶合板 3. 面层 3mm 厚榉木板 4. 聚氨酯 5 遍 5. 门碰、执手锁 11 个	樘	13				
8	010807001001	金属平开窗	1. 铝合金平开窗，铝合金 1.2mm 厚 2. 50 系列 5mm 厚白玻璃	樘	8				
			（其他略）						
			分部小计						
			0114 油漆、涂料、裱糊工程						
9	011406001001	抹灰面油漆	1. 外墙门窗套外墙漆 2. 水泥砂浆面上刷外墙漆	m²	42.82				
			（其他略）						
			分部小计						
			本页小计						
			合 计						

注：为计取规费等的使用，可在表中增设其中："定额人工费"。

5. 总价措施项目清单与计价表（表 12-3）

编制工程量清单时，总价措施项目清单与计价表中的项目可根据工程实际情况进行增减。

表 12-3 总价措施项目清单与计价表

工程名称：××楼装饰装修工程　　　　　　标段：　　　　　　　　　　　第 1 页 共 1 页

序号	项目编码	项目名称	计算基础	费率（%）	金额/元	调整费率（%）	调整后金额/元	备注
1	011707001001	安全文明施工费						
2	011707002001	夜间施工增加费						
3	011707004001	二次搬运费						
4	011707005001	冬雨期施工增加费						
5	011707007001	已完工程及设备保护费						
6	011703001001	垂直运输机械费						
		（其他略）						
		合 计						

编制人（造价人员）：　　　　　　　　　复核人（造价工程师）：

注：1. "计算基础"中安全文明施工费可为"定额基价""定额人工费"或"定额人工费+定额机械费"，其他项目可为"定额人工费"或"定额人工费+定额机械费"。

2. 按施工方案计算的措施费，若无"计算基础"和"费率"的数值，也可只填"金额"数值，但应在备注栏说明施工方案出处或计算方法。

6. 其他项目清单与计价汇总表（表12-4）

编制招标工程量清单时，其他项目清单与计价汇总表应汇总"暂列金额"和"专业工程暂估价"，以提供给投标报价。

表12-4 其他项目清单与计价汇总表

工程名称：××楼装饰装修工程　　　　　　　　　　标段：　　　　　　　　　　第1页 共1页

序号	项目名称	金额/元	结算金额/元	备注
1	暂列金额	10000.00		明细详见（1）
2	暂估价	3000.00		
2.1	材料（工程设备）暂估单价	—		明细详见（2）
2.2	专业工程暂估价	3000.00		明细详见（3）
3	计日工	577.50		明细详见（4）
4	总承包服务费	—		明细详见（5）
	合　计			—

注：材料（工程设备）暂估单价计入清单项目综合单价，此处不汇总。

（1）暂列金额明细表（表12-5）

投标人只需要直接将招标工程量清单中所列的暂列金额纳入投标总价，并且不需要在所列的暂列金额以外再考虑任何其他费用。

表12-5 暂列金额明细表

工程名称：××楼装饰装修工程　　　　　　　　　　标段：　　　　　　　　　　第1页 共1页

序号	项目名称	计量单位	暂列金额/元	备注
1	政策性调整和材料价格风险	项	5000.00	
2	工程量清单中工程量变更和设计变更	项	4000.00	
3	其他	项	1000.00	
	合　计		10000.00	—

注：此表由招标人填写，如不能详列，也可只列暂定金额总额，投标人应将上述暂列金额计入投标总价中。

（2）材料（工程设备）暂估单价及调整表（表12-6）

一般而言，招标工程量清单中列明的材料、工程设备的暂估价仅指此类材料、工程设备本身运至施工现场内工地地面价，不包括这些材料、工程设备的安装以及安装所必需的辅助材料以及发生在现场内的验收、存储、保管、开箱、二次搬运、从存放地点运至安装地点以及其他任何必要的辅助工作（以下简称"暂估价项目的安装及辅助工作"）所发生的费用。暂估价项目的安装及辅助工作所发生的费用应该包括在投标报价中的相应清单项目的综合单价中并且固定包死。

（3）专业工程暂估价表（表12-7）

专业工程暂估价应在表内填写工程名称、工程内容、暂估金额，投标人应将上述金额计入投标总价中。

表 12-6 材料（工程设备）暂估单价及调整表

工程名称：××楼装饰装修工程   标段：   第1页 共1页

序号	材料(工程设备) 名称、规格、型号	计量 单位	数量		暂估/元		确认/元		差额±/元		备注
			暂估	确认	单价	合价	单价	合价	单价	合价	
1	台阶花岗石	m²	5.80		200						用在台阶装饰工程中
2	U形轻龙骨大龙骨 h=45	m	68.00		3.61						用在部分吊顶工程中
	（其他略）										
	合 计										

注：此表由招标人填写"暂估单价"，并在备注栏说明暂估价的材料、工程设备拟用在哪些清单项目上，投标人应将上述材料，工程设备暂估单价计入工程量清单综合单价报价中。

专业工程暂估价项目及其表中列明的专业工程暂估价，是指分包人实施专业工程的含税金后的完整价（即包含了该专业工程中所有供应、安装、完工、调试、修复缺陷等全部工作），除了合同约定的发包人应承担的总承包管理、协调、配合和服务责任所对应的总承包服务费用以外，承包人为履行其总承包管理、配合、协调和服务等所需发生的费用应该包括在投标报价中。

表 12-7 专业工程暂估价表

工程名称：××楼装饰装修工程   标段：   第1页 共1页

序号	工程名称	工程内容	暂估金额/元	结算金额/元	差额±/元	备注
1	消防工程	合同图纸中标明的以及消防工程规范和技术说明中规定的各系统中的设备等的供应、安装和调试工作	3000.00			
	合 计		3000.00			

注：此表"暂估金额"由招标人填写，投标人应将"暂估金额"计入投标总价中。

（4）计日工表（表12-8）

编制工程量清单时，计日工表中的"项目名称""计量单位""暂定数量"由招标人填写。

表 12-8 计日工表

工程名称：××楼装饰装修工程   标段：   第1页 共1页

编号	项目名称	计量单位	暂定数量	实际数量	综合单价/元	合价/元	
						暂定	实际
一	人工						
1	技工	工日	15				
2	抹灰工	工日	6				
3	油漆工	工日	6				
	人工小计						

（续）

编号	项目名称	计量单位	暂定数量	实际数量	综合单价/元	合价/元	
						暂定	实际
二	材料						
1	合金型材	kg	10.00				
2	油漆	kg	80.00				
材料小计							
三	施工机械						
1	平面磨石机	台班	8				
2	磨光机	台班	6				
施工机械小计							
四、企业管理费和利润							
合　计							

注：此表项目名称、暂定数量由招标人填写，编制招标控制价时，单价由招标人按有关计价规定确定；投标时，单价由投标人自主报价，按暂定数量计算合价计入投标总价中。结算时，按发承包双方确认的实际数量计算合价。

（5）总承包服务费计价表（表12-9）

编制招标工程量清单时，招标人应将拟定进行专业发包的专业工程，自行采购的材料设备等决定清楚，填写项目名称、服务内容，以便投标人决定报价。

表12-9　总承包服务费计价表

工程名称：××楼装饰装修工程　　　　　　　标段：　　　　　　　第1页　共1页

序号	项目名称	项目价值/元	服务内容	计算基础	费率(%)	金额/元
1	发包人发包专业工程	10000	1. 按专业工程承包人的要求提供施工工作面并对施工现场进行统一整理汇总 2. 为专业工程承包人提供垂直运输机械和焊接电源接入点，并承担垂直运输费和电费			
2	发包人供应材料	45000	对发包人供应的材料进行验收、保管和使用发放			
合　计		—		—		—

注：此表项目名称、服务内容由招标人填写，编制招标控制价时，费率及金额由招标人按有关计价规定确定；投标时，费率及金额由投标人自主报价，计入投标总价中。

7. 规费、税金项目计价表（表12-10）

在施工实践中，有的规费项目，如工程排污费，并非每个工程所在地都要征收，实践中可作为按实计算的费用处理。

表12-10　规费、税金项目计价表

工程名称：××楼装饰装修工程　　　　　　　标段：　　　　　　　第1页　共1页

序号	项目名称	计算基础	计算基数	计算费率(%)	金额/元
1	规费				
1.1	工程排污费	按工程所在地环保部门规定按实计算			

（续）

序号	项目名称	计算基础	计算基数	计算费率（%）	金额/元
1.2	社会保险费				
（1）	养老保险费	定额人工费			
（2）	失业保险费	定额人工费			
（3）	医疗保险费	定额人工费			
（4）	工伤保险费	定额人工费			
1.3	住房公积金	定额人工费			
1.4	工程定额预测费	税前工程造价			
2	税金	分部分项工程费+措施项目费+其他项目费+规费-按规定不计税的工程设备金额			
合　　计					

编制人（造价人员）：　　　　　　　　复核人（造价工程师）：

8. 主要材料、工程设备一览表

《建设工程工程量清单计价规范》（GB 50500—2013）中新增加"主要材料、工程设备一览表"，由于材料等价格占据合同价款的大部分，对材料价款的管理历来是发承包双方十分重视的，因此，规范针对发包人供应材料设置了"发包人提供材料和工程设备一览表"，针对承包人供应材料按当前最主要的调整方法设置了两种表式，分别适用于"造价信息差额调整法"与"价格指数差额调整法"。本例题由承包人提供主要材料和工程设备。

（1）承包人提供主要材料和工程设备一览表（适用于造价信息差额调整法）（表12-11）

表中"风险系数"应由发包人在招标文件中按照《建设工程工程量清单计价规范》（GB 50500—2013）的要求合理确定。表12-11中将风险系数、基准单价、投标单价、发承包人确认单价在一个表内全部表示，可以大大减少发承包双方不必要的争议。

表 12-11　承包人提供主要材料和工程设备一览表（一）

（适用于造价信息差额调整法）

工程名称：××楼装饰装修工程　　　　　　标段：　　　　　　　　第1页 共1页

序号	名称、规格、型号	单位	数量	风险系数（%）	基准单价/元	投标单价/元	发承包人确认单价/元	备注
1	预拌混凝土 C10	m^3						
2	预拌混凝土 C15	m^3						
3	预拌混凝土 C20	m^3						
	（其他略）							

注：1. 此表由招标人填写除"投标单价"栏的内容，投标人在投标时自主确定投标单价。

　　2. 投标人应优先采用工程造价管理机构发布的单价作为基准单价，未发布的，通过市场调查确定其基准单价。

（2）承包人提供主要材料和工程设备一览表（适用于价格指数差额调整法）（表 12-12）

表 12-12　承包人提供主要材料和工程设备一览表（二）

（适用于价格指数差额调整法）

工程名称：××楼装饰装修工程　　　　　　　　标段：　　　　　　　　第 1 页　共 1 页

序号	名称、规格、型号	变值权重 B	基本价格指数 F_0	现行价格指数 F_t	备注
1	人工				
2	合金型钢				
3	预拌混凝土 C20				
4	机械费				
	定值权重 A		—	—	
	合　计	1	—	—	

注：1. "名称、规格、型号""基本价格指数"栏由招标人填写，基本价格指数应首先采用工程造价管理机构发布的价格指数，没有时，可采用发布的价格代替。如人工、机械费也采用本法调整由招标人在"名称"栏填写。

2. "变值权重"栏由投标人根据该项人工、机械费和材料、工程设备值在投标总报价中所占的比例填写，1 减去其比例为定值权重。

3. "现行价格指数"按约定的付款证书相关周期最后一天的前 42d 的各项价格指数填写，该指数应首先采用工程造价管理机构发布的价格指数，没有时，可采用发布的价格代替。

12.2　装饰装修工程招标控制价编制

现以某楼装饰装修工程为例介绍招标控制价编制（由委托工程造价咨询人编制）。

1. 封面（图 12-4）

（1）招标控制价封面应填写招标工程项目的具体名称，招标人应盖单位公章，如委托工程造价咨询人编制，还应由其加盖相同单位公章。

　　　　　　　　　__××楼装饰装修__　工程

　　　　　　　　　　　　招标控制价

招　标　人：_____××市房地产开发公司_____

　　　　　　　　　　（单位盖章）

造价咨询人：_____××工程造价咨询企业_____

　　　　　　　　　　（单位盖章）

　　　　　　　　　××年×月×日

图 12-4　招标控制价封面

（2）招标人委托工程造价咨询人编制招标控制价的封面，除招标人盖单位公章外，还应加盖受委托编制招标控制价的工程造价咨询人的单位公章。

2. 扉页（图 12-5）

（1）招标人自行编制招标控制价时，招标控制价扉页由招标人单位注册的造价人员编制，招标人盖单位公章，法定代表人或其授权人签字或盖章。编制人是造价工程师的，由其签字盖执业专用章；编制人是造价员的，由其在编制人栏签字盖专用章，应由造价工程师复核，并在复核人栏签字盖执业专用章。

（2）招标人委托工程造价咨询人编制招标控制价时，招标控制价扉页由工程造价咨询人单位注册的造价人员编制，工程造价咨询人盖单位资质专用章，法定代表人或其授权人签字或盖章。编制人是造价工程师的，由其签字盖执业专用章；编制人是造价员的，在编制人栏签字盖专用章，应由造价工程师复核，并在复核人栏签字盖执业专用章。

＿＿×× 楼装饰装修＿＿ 工程

招标控制价

招标控制价(小写)：＿＿＿＿＿221357.20 元＿＿＿＿＿
（大写）：＿＿＿贰拾贰万壹仟叁佰伍拾柒元贰角＿＿＿

招标人：×× 市房地产开发公司＿＿＿＿ 造价咨询人：＿×× 工程造价咨询企业＿
（单位盖章） （单位资质专用章）

法定代表人 法定代表人
或其授权人：×× 市房地产开发公司×××　 或其授权人：＿×× 工程造价咨询企业×××
（签字或盖章） （签字或盖章）

编制人：×× 造价工程师或造价员＿ 复核人：＿＿＿×× 造价工程师＿＿
（造价人员签字盖专用章） （造价工程师签字盖专用章）

编制时间：××年×月×日 复核时间：××年×月×日

图 12-5　招标控制价扉页

---

3. 总说明（图 12-6）

编制招标控制价的总说明内容应包括：

（1）采用的计价依据。

（2）采用的施工组织设计。

（3）采用的材料价格来源。

（4）综合单价中风险因素、风险范围（幅度）。

（5）其他。

> 1.工程概况：该工程建筑面积500m², 其主要使用功能为商住楼；层数三层，混合结构，建筑高度10.8m。
> 2.招标范围：装饰装修工程。
> 3.工程质量要求：优良工程。
> 4.工期：60d。
> 5.工程量清单招标控制价编制依据：
>   5.1 由××市建筑工程设计事务所设计的施工图1套。
>   5.2 由××房地产开发公司编制的《××楼装饰装修工程施工招标书》。
>   5.3 工程量清单计量按照国标《建设工程工程量清单计价规范》(GB 50500—2013)、《房屋建筑与装饰工程工程量计算规范》(GB 50854—2013)编制。
>   5.4 工程量清单计价中的工、料、机数量参考当地建筑、水电安装工程定额；其工、料、机的价格参考省、市造价管理部门有关文件或近期发布的材料价格，并调查市场价格后取定。
>   5.5 税金按3.413%计取。
>   5.6 人工工资按38.50元/工日计。
>   5.7 垂直运输机械采用卷扬机，费用按×省定额估价表中规定计费。

图 12-6 总说明

4. 招标控制价汇总表（表 12-13～表 12-15）

由于编制招标控制价和投标报价包含的内容相同，只是对价格的处理不同，因此，对招标控制价和投标报价汇总表的设计使用同一表格。实践中，招标控制价或投标报价可分别印制该表格。

表 12-13 建设项目招标控制价汇总表

工程名称：××楼装饰装修工程   第 1 页 共 1 页

序号	单项工程名称	金额/元	其中:/元		
			暂估价	安全文明施工费	规费
1	××楼装饰装修工程	221357.20	99375.78	6402.88	17772.73
	合 计	221357.20	99375.78	6402.88	17772.73

注：本表适用于建设项目招标控制价或投标报价的汇总。

表 12-14 单项工程招标控制价汇总表

工程名称：××楼装饰装修工程   第 1 页 共 1 页

序号	单项工程名称	金额/元	其中:/元		
			暂估价	安全文明施工费	规费
1	××楼装饰装修工程	221357.20	99375.78	6402.88	17772.73
	合 计	221357.20	99375.78	6402.88	17772.73

注：本表适用于单项工程招标控制价或投标报价的汇总。暂估价包括分部分项工程中的暂估价和专业工程暂估价。

表 12-15　单位工程招标控制价汇总表

工程名称：××楼装饰装修工程 　　　　　　　　　　　　　　　　　　第 1 页 共 1 页

序号	汇总内容	金额/元	其中:暂估价/元
1	分部分项工程	153590.82	99375.78
0111	楼地面工程	56032.54	40969.38
0112	墙、柱面工程	29137.70	19475.85
0113	天棚工程	12073.21	8903.43
0108	门窗工程	54405.05	30027.12
0114	油漆、涂料、裱糊工程	1942.32	
2	措施项目	24024.26	
0117	其中:安全文明施工费	6402.88	
3	其他项目	18652.50	
3.1	其中:暂列金额	10000.00	
3.2	其中:专业工程暂估价	3000.00	
3.3	其中:计日工	4702.50	
3.4	其中:总承包服务费	950.00	
4	规费	17784.04	
5	税金	7305.58	
	招标控制价合计＝1+2+3+4+5	221357.20	99375.78

注：本表适用于单位工程招标控制价或投标报价的汇总，单项工程也使用本表汇总。

5. 分部分项工程和单价措施项目清单与计价表（表 12-16、表 12-17）

编制招标控制价时，分部分项工程和单价措施项目清单与计价表的"项目编码""项目名称""项目特征""计量单位""工程量"栏不变，对"综合单价""合价"以及"其中:暂估价"按《建设工程工程量清单计价规范》（GB 50500—2013）的规定填写。

表 12-16　分部分项工程和单价措施项目清单与计价表（一）

工程名称：××楼装饰装修工程 　　　　　　标段： 　　　　　　　　第 1 页 共 2 页

序号	项目编码	项目名称	项目特征描述	计量单位	工程量	综合单价	合价	其中 暂估价
			0111　楼地面工程					
1	011101001001	水泥砂浆楼地面	1. 二层楼面刷水泥砂浆 2. 1:2 水泥砂浆,厚 20mm	m²	10.68	8.89	94.95	
2	011102001001	石材楼地面	1. C10 混凝土垫层,粒径 40mm,厚 8mm 2. 一层大理石地面,0.80m×0.80m 大理石面层	m²	83.25	211.34	17594.06	11236.45
			（其他略）					
			分部小计				56032.54	40969.38
			0112　墙、柱面工程					
3	011201001001	墙面一般抹灰	1. 混合砂浆 15mm 厚 2. 乳胶漆三遍	m²	926.15	13.11	12141.83	

（续）

序号	项目编码	项目名称	项目特征描述	计量单位	工程量	金额/元		
						综合单价	合价	其中暂估价
4	011204003001	块料墙面	1. 瓷板墙裙，砖墙面层 2. 1∶3 水泥砂浆，17mm 厚	m²	66.32	36.96	2451.19	1697.35
			（其他略）					
			分部小计				29137.70	19475.85
			0113　天棚工程					
5	011301001001	天棚抹灰	1. 现浇板底 2. 1∶1∶4 水泥、石灰砂浆，7mm 厚 3. 1∶0.5∶3 水泥砂浆，5mm 厚 4. 乳胶漆三遍	m²	123.61	13.56	1676.15	
			分部小计				1676.15	
			本页小计					
			合　计				86845.69	60445.23

注：为计取规费等的使用，可在表中增设其中："定额人工费"。

表 12-17　分部分项工程和单价措施项目清单与计价表（二）

工程名称：××楼装饰装修工程　　　　　　　　标段：　　　　　　　　第 2 页　共 2 页

序号	项目编码	项目名称	项目特征描述	计量单位	工程量	金额/元		
						综合单价	合价	其中暂估价
			0113　天棚工程					
6	011302002001	格栅吊顶	1. 不上人型 U 形轻钢龙骨，600×600 2. 600×600 石膏板面层	m²	162.40	50.47	8196.33	4697.76
			（其他略）					
			分部小计				12073.21	8903.43
			0108　门窗工程					
7	010801001001	胶合板门	1. 胶合板门 M-2 2. 杉木框钉 5mm 厚胶合板 3. 面层 3mm 厚榉木板 4. 聚氨酯 5 遍 5. 门碰、执手锁 11 个	樘	13	432.21	5618.73	2900.65
8	010807001001	金属平开窗	1. 铝合金平开窗，铝合金 1.2mm 厚 2. 50 系列 5mm 厚白玻璃	樘	8	276.22	2209.76	
			（其他略）					
			分部小计				54405.05	30027.12
			0114　油漆、涂料、裱糊工程					
9	011406001001	抹灰面油漆	1. 外墙门窗套外墙漆 2. 水泥砂浆面上刷外墙漆	m²	42.82	45.36	1942.32	
			分部小计				1942.32	
			本页小计				66744.43	38930.55
			合　计				153590.82	99375.78

注：为计取规费等的使用，可在表中增设其中："定额人工费"。

6. 综合单价分析表（表12-18）

编制招标控制价，综合单价分析表应填写使用的省级或行业建设主管部门发布的计价定额名称。

综合单价分析表一般随投标文件一同提交，作为已标价工程量清单的组成部分，以便中标后作为合同文件的附属文件。一般而言，该分析表所载明的价格数据对投标人是有约束力的，但是投标人能否以此作为投标报价中的错报和漏报等的依据而寻求招标人的补偿是实践中值得注意的问题。

表 12-18 综合单价分析表

工程名称：××楼装饰装修工程　　　　　标段：　　　　　　　　第 1 页 共 1 页

项目编码	011406001001		项目名称		抹灰面油漆		计量单位	m²	工程量	42.82

清单综合单价组成明细

定额编号	定额项目名称	定额单位	数量	单价				合价			
				人工费	材料费	机械费	管理费和利润	人工费	材料费	机械费	管理费和利润
BE0267	抹灰面满刮耐水腻子	100m²	0.01	372.37	2625	—	127.76	3.72	26.25	—	1.28
BE0267	外墙乳胶底漆一遍面漆两遍	100m²	0.01	349.77	940.57	—	120.01	3.50	9.41	—	1.20
人工单价			小计					7.22	35.66	—	2.48
38.50 元/工日			未计价材料费								
清单项目综合单价								45.36			

材料费明细	主要材料名称、规格、型号			单位	数量	单价/元	合价/元	暂估单价/元	暂估合价/元
	耐水成品腻子			kg	2.50	10.50	26.25		
	×××牌乳胶漆面漆			kg	0.353	20.00	7.06		
	×××牌乳胶漆底漆			kg	0.136	17.00	2.31		
	其他材料费					—	0.04		
	材料费小计					—	35.66		

注：1. 如不使用省级或行业建设主管部门发布的计价依据，可不填定额编号、名称等。

2. 招标文件提供了暂估单价的材料，按暂估的单价填入表内"暂估单价"栏及"暂估合价"栏。

7. 总价措施项目清单与计价表（表12-19）

编制招标控制价时，总价措施项目清单与计价表的计费基础、费率应按省级或行业建设主管部门的规定记取。

8. 其他项目清单与计价汇总表（表12-20）

编制招标工程量清单时，其他项目清单与计价汇总表应汇总"暂列金额"和"专业工程暂估价"，以提供给投标报价。

表 12-19 总价措施项目清单与计价表

工程名称：××楼装饰装修工程   标段：   第 1 页 共 1 页

序号	项目编码	项目名称	计算基础	费率（%）	金额/元	调整费率（%）	调整后金额/元	备注
1	011707001001	安全文明施工费	直接费	1.98	6402.88			
2	011707002001	夜间施工增加费	人工费	3	1843.08			
3	011707004001	二次搬运费	人工费	2	1228.72			
4	011707005001	冬雨期施工增加费	人工费	1	614.36			
5	011707007001	已完工程及设备保护费			2000.00			
6	011703001001	垂直运输机械费			4000.00			
	（其他略）							
		合 计			16089.04			

编制人（造价人员）：   复核人（造价工程师）：

注：1. "计算基础"中安全文明施工费可为"定额基价""定额人工费"或"定额人工费+定额机械费"，其他项目可为"定额人工费"或"定额人工费+定额机械费"。

2. 按施工方案计算的措施费，若无"计算基础"和"费率"的数值，也可只填"金额"数值，但应在备注栏说明施工方案出处或计算方法。

表 12-20 其他项目清单与计价汇总表

工程名称：××楼装饰装修工程   标段：   第 1 页 共 1 页

序号	项目名称	金额/元	结算金额/元	备注
1	暂列金额	10000.00		明细详见（1）
2	暂估价	3000.00		
2.1	材料（工程设备)暂估单价	—		明细详见（2）
2.2	专业工程暂估价	3000.00		明细详见（3）
3	计日工	4702.50		明细详见（4）
4	总承包服务费	950.00		明细详见（5）
5				
	合 计	18652.50		—

注：材料（工程设备）暂估单价计入清单项目综合单价，此处不汇总。

（1）暂列金额明细表（表12-21）

表12-21 暂列金额明细表

工程名称：××楼装饰装修工程　　　　标段：　　　　　　第1页 共1页

序号	项目名称	计量单位	暂列金额/元	备注
1	政策性调整和材料价格风险	项	5000.00	
2	工程量清单中工程量变更和设计变更	项	4000.00	
3	其他	项	1000.00	
	合　计		10000.00	—

注：此表由招标人填写，如不能详列，也可只列暂定金额总额，投标人应将上述暂列金额计入投标总价中。

（2）材料（工程设备）暂估单价及调整表（表12-22）

表12-22 材料（工程设备）暂估单价及调整表

工程名称：××楼装饰装修工程　　　　标段：　　　　　　第1页 共1页

序号	材料（工程设备）名称、规格、型号	计量单位	数量		暂估/元		确认/元		差额±/元		备注
			暂估	确认	单价	合价	单价	合价	单价	合价	
1	台阶花岗石	m²	5.80		200	1160					用在台阶装饰工程中
2	U形轻龙骨大龙骨 h=45	m	68.00		3.61	245.48					用在部分吊顶工程中
	（其他略）										
	合　计					1405.48					

注：此表由招标人填写"暂估单价"，并在备注栏说明暂估价的材料、工程设备拟用在哪些清单项目上，投标人应将上述材料，工程设备暂估单价计入工程量清单综合单价报价中。

（3）专业工程暂估价表（表12-23）

表12-23 专业工程暂估价表

工程名称：××楼装饰装修工程　　　　标段：　　　　　　第1页 共1页

序号	工程名称	工程内容	暂估金额/元	结算金额/元	差额±/元	备注
1	消防工程	合同图纸中标明的以及消防工程规范和技术说明中规定的各系统中的设备等的供应、安装和调试工作	3000.00			
	合　计		3000.00			

注：此表"暂估金额"由招标人填写，投标人应将"暂估金额"计入投标总价中。

（4）计日工表（表12-24）

表12-24 计日工表

工程名称：××楼装饰装修工程　　　　标段：　　　　　　第1页 共1页

编号	项目名称	单位	暂定数量	实际数量	综合单价/元	合价/元	
						暂定	实际
一	人工						
1	技工	工日	15		38.50	577.50	
2	抹灰工	工日	6		40.00	240.00	
3	油漆工	工日	6		40.00	240.00	

（续）

编号	项目名称	单位	暂定数量	实际数量	综合单价/元	合价/元	
						暂定	实际
	人工小计					1057.50	
二	材料						
1	合金型材	kg	100.00		4.35	435.00	
2	油漆	kg	60.00		50.50	3030.00	
	材料小计					3465.00	
三	施工机械						
1	平面磨石机	台班	15		6.00	90.00	
2	磨光机	台班	18		5.00	90.00	
	施工机械小计					180.00	
四、企业管理费和利润							
	合　计					4702.50	

注：此表项目名称、暂定数量由招标人填写，编制招标控制价时，单价由招标人按有关计价规定确定；投标时，单价由投标人自主报价，按暂定数量计算合价计入投标总价中。结算时，按发承包双方确认的实际数量计算合价。

（5）总承包服务费计价表（表12-25）

编制招标控制价的"总承包服务费计价表"时，招标人应按有关计价规定计价。

表12-25　总承包服务费计价表

工程名称：××楼装饰装修工程　　　　标段：　　　　　　　　第1页　共1页

序号	项目名称	项目价值/元	服务内容	计算基础	费率（%）	金额/元
1	发包人发包专业工程	10000	1. 按专业工程承包人的要求提供施工工作面并对施工现场进行统一整理汇总 2. 为专业工程承包人提供垂直运输机械和焊接电源接入点，并承担垂直运输费和电费	项目价值	5	500.00
2	发包人供应材料	45000	对发包人供应的材料进行验收及保管和使用发放	项目价值	1	450.00
	合　计	—		—	—	950.00

注：此表项目名称、服务内容由招标人填写，编制招标控制价时，费率及金额由招标人按有关计价规定确定；投标时，费率及金额由投标人自主报价，计入投标总价中。

9. 规费、税金项目计价表（表12-26）

表12-26　规费、税金项目计价表

工程名称：××楼装饰装修工程　　　　标段：　　　　　　　　第1页　共1页

序号	项目名称	计算基础	计算基数	计算费率（%）	金额/元
1	规费				17784.04
1.1	工程排污费	按工程所在地环保部门规定按实计算			—
1.2	社会保险费		(1)+(2)+(3)+(4)		13823.10
(1)	养老保险费	定额人工费		14	8601.04

（续）

序号	项目名称	计算基础	计算基数	计算费率（%）	金额/元
（2）	失业保险费	定额人工费		2	1228.72
（3）	医疗保险费	定额人工费		6	3686.16
（4）	工伤保险费	定额人工费		0.5	307.18
1.3	住房公积金	定额人工费		6	3686.16
1.4	工程定额预测费	税前工程造价		0.14	274.78
2	税金	分部分项工程费+措施项目费+其他项目费+规费-按规定不计税的工程设备金额		3.413	7305.58
	合　计				25089.62

编制人（造价人员）：　　　　　　　　　复核人（造价工程师）：

10. 主要材料、工程设备一览表

（1）发包人在招标文件中提供的承包人提供主要材料和工程设备一览表（适用于造价信息差额调整法）（表12-27）

表12-27　承包人提供主要材料和工程设备一览表（一）

（适用于造价信息差额调整法）

工程名称：××楼装饰装修工程　　　　　　标段：　　　　　　　第1页 共1页

序号	名称、规格、型号	单位	数量	风险系数（%）	基准单价/元	投标单价/元	发承包人确认单价/元	备注
1	预拌混凝土 C10	m³	15	≤5	240			
2	预拌混凝土 C15	m³	100	≤5	263			
3	预拌混凝土 C20	m³	880	≤5	280			
	（其他略）							

注：1. 此表由招标人填写除"投标单价"栏的内容，投标人在投标时自主确定投标单价。

　　2. 投标人应优先采用工程造价管理机构发布的单价作为基准单价，未发布的，通过市场调查确定其基准单价。

（2）发包人在招标文件中提供的承包人提供主要材料和工程设备一览表（适用于价格指数差额调整法）（表12-28）

表 12-28 承包人提供主要材料和工程设备一览表（二）

（适用于价格指数差额调整法）

工程名称：××楼装饰装修工程   标段：   第 1 页 共 1 页

序号	名称、规格、型号	变值权重 B	基本价格指数 F_0	现行价格指数 F_t	备注
1	人工		110%		
2	合金型钢		4200 元/t		
3	预拌混凝土 C20		280 元/m³		
4	机械费		100%		
	定值权重 A		—	—	
	合 计	1	—	—	

注：1. "名称、规格、型号""基本价格指数"栏由招标人填写，基本价格指数应首先采用工程造价管理机构发布的价格指数，没有时，可采用发布的价格代替。如人工、机械费也采用本法调整由招标人在"名称"栏填写。

2. "变值权重"栏由投标人根据该项人工、机械费和材料、工程设备值在投标总报价中所占的比例填写，1 减去其比例为定值权重。

3. "现行价格指数"按约定的付款证书相关周期最后一天的前 42d 的各项价格指数填写，该指数应首先采用工程造价管理机构发布的价格指数，没有时，可采用发布的价格代替。

12.3 装饰装修工程投标报价编制

现以某楼装饰装修工程为例介绍投标报价编制（由委托工程造价咨询人编制）。

1. 封面（图 12-7）

投标总价的封面应填写投标工程的具体名称，投标人应盖单位公章。

　　　　　　　　　　　　＿＿××楼装饰装修＿＿ 工程

　　　　　　　　　　　　　　　　投标总价

　　　　　　　　　　　　投标人：＿＿＿＿**××建筑装饰装修公司**＿＿＿＿

　　　　　　　　　　　　　　　　　　（单位盖章）

　　　　　　　　　　　　　　　　××年×月×日

图 12-7 投标报价封面

2. 扉页（图 12-8）

投标人编制投标报价时，投标总价扉页由投标人单位注册的造价人员编制，投标人盖单位公章，法定代表人或其授权人签字或盖章，编制的造价人员（造价工程师或造价员）签字盖执业专用章。

投标总价

招标人：　　　　××市房地产开发公司　　　　

工程名称：　　　　××楼装饰装修工程　　　　

投标总价(小写)：　　　　216093.85 元　　　　

（大写）：　　　贰拾壹万陆仟 零玖拾叁元捌角伍分　　　

投标人：　　　　××建筑装饰装修公司　　　　
（单位盖章）

法定代表人
或其授权人：　　　　×××　　　　
（签字或盖章）

编制人：　　　　×××　　　　
（造价人员签字盖专用章）

编制时间：××年×月×日

图 12-8　投标报价扉页

3. 总说明（图 12-9）

编制投标报价的总说明内容应包括：

（1）采用的计价依据。

（2）采用的施工组织设计。

（3）综合单价中风险因素、风险范围（幅度）。

（4）措施项目的依据。

（5）其他有关内容的说明等。

1. 编制依据：

1.1 建设方提供的××楼装饰装修工程施工图、招标邀请书等一系列招标文件。

2. 编制说明：

2.1 经核算建设方招标书中发布的"工程量清单"中的工程数量基本无误。

2.2 我公司编制的该工程施工方案，基本与招标控制价的施工方案相似，所以措施项目与招标控制价采用的一致。

2.3 经我公司实际进行市场调查后，建筑材料市场价格确定如下：

2.3.1 其他所有材料均在×市建设工程造价主管部门发布的市场材料价格上下浮3%。

2.3.2 按我公司目前资金的技术能力、该工程各项施工费率值取定如下：(略)。

图 12-9　总说明

4. 投标控制价汇总表（表 12-29～表 12-31）

与招标控制价的表一致，此处需要说明的是，投标报价汇总表与投标函中投标报价金额应当一致。就投标文件的各个组成部分而言，投标函是最重要的文件，其他组成部分都是投标函的支持性文件，投标函是必须经过投标人签字盖章，并且在开标会上必须当众宣读的文件。如果投标报价汇总表的投标总价与投标函填报的投标总价不一致，应当以投标函中填写的大写金额为准。实践中，对该原则一直缺少一个明确的依据，为了避免出现争议，可以在"投标人须知"中给予明确，用在招标文件中预先给予明示约定的方式来弥补法律法规依据的不足。

表 12-29　建设项目投标报价汇总表

工程名称：××楼装饰装修工程　　　　　　　　　　　　　　　　　　　　　第 1 页　共 1 页

序号	单项工程名称	金额/元	其中:/元		
			暂估价	安全文明施工费	规费
1	××楼装饰装修工程	216093.85	92875.78	5795.71	17432.55
合　计		216093.85	92875.78	5795.71	17432.55

注：本表适用于建设项目招标控制价或投标报价的汇总。

表 12-30　单项工程投标报价汇总表

工程名称：××楼装饰装修工程　　　　　　　　　　　　　　　　　　　　　第 1 页　共 1 页

序号	单位工程名称	金额/元	其中:/元		
			暂估价	安全文明施工费	规费
1	××楼装饰装修工程	216093.85	92875.78	5795.71	17432.55
合　计		216093.85	92875.78	5795.71	17432.55

注：本表适用于单项工程招标控制价或投标报价的汇总。暂估价包括分部分项工程中的暂估价和专业工程暂估价。

表 12-31　单位工程投标报价汇总表

工程名称：××楼装饰装修工程　　　　　　　　　　　　　　　　　　　　　第 1 页　共 1 页

序号	汇总内容	金额/元	其中:暂估价/元
1	分部分项工程	150566.03	92875.78
0111	楼地面工程	53441.65	40069.38
0112	墙、柱面工程	28624.41	15475.85
0113	天棚工程	11857.41	8403.43
0108	门窗工程	54783.32	28927.12
0114	油漆、涂料、裱糊工程	1859.24	
2	措施项目	22236.90	
2.1	其中:安全文明施工费	5795.71	

（续）

序号	汇总内容	金额/元	其中:暂估价/元
3	其他项目	18726.50	
3.1	其中:暂列金额	10000.00	
3.2	其中:专业工程暂估价	3000.00	
3.3	其中:计日工	4666.50	
3.4	其中:总承包服务费	1060.00	
4	规费	17432.55	
5	税金	7131.87	
投标报价合计 = 1+2+3+4+5		216093.85	92875.78

注：本表适用于单位工程招标控制价或投标报价的汇总，单项工程也使用本表汇总。

5. 分部分项工程和单价措施项目清单与计价表（表 12-32、表 12-33）

编制投标报价时，招标人对分部分项工程和单价措施项目清单与计价表中的"项目编码""项目名称""项目特征""计量单位""工程量"均不应做改动。"综合单价""合价"自主决定填写，对其中的"暂估价"栏，投标人应将招标文件中提供了暂估材料单价的暂估价计入综合单价，并应计算出暂估单价的材料在"综合单价"及其"合价"中的具体数额，因此，为更详细地反映暂估价情况，也可在表中增设一栏"综合单价"其中的"暂估价"。

表 12-32 分部分项工程和单价措施项目清单与计价表（一）

工程名称：××楼装饰装修工程　　　　标段：　　　　　　第1页 共2页

序号	项目编码	项目名称	项目特征描述	计量单位	工程量	综合单价	合价	其中暂估价
			0111 楼地面工程					
1	011101001001	水泥砂浆楼地面	1. 二层楼面粉水泥砂浆 2. 1:2水泥砂浆,厚20mm	m²	10.68	8.62	92.06	
2	011102001001	石材楼地面	1. C10混凝土垫层,粒径40mm,厚8mm 2. 一层大理石地面,0.80m×0.80m大理石面层	m²	83.25	203.75	16962.19	11236.45
			（其他略）					
			分部小计				53441.65	40069.38
			0112 墙、柱面工程					
3	011201001001	墙面一般抹灰	1. 混合砂浆 15mm 厚 2. 乳胶漆三遍	m²	926.15	13.28	12299.27	
4	011204003001	块料墙面	1. 瓷板墙裙,砖墙面层 2. 1:3水泥砂浆,17mm 厚	m²	66.32	35.00	2321.20	1697.35

189

（续）

序号	项目编码	项目名称	项目特征描述	计量单位	工程量	金额/元		
						综合单价	合价	其中 暂估价
			（其他略）					
			分部小计				28624.41	15475.85
			0113　天棚工程					
5	011301001001	天棚抹灰	1. 现浇板底 2. 1：1：4水泥、石灰砂浆,7mm厚 3. 1：0.5：3水泥砂浆,5mm厚 4. 乳胶漆三遍	m²	123.61	13.30	1644.01	
			分部小计				1644.01	
			本页小计				83710.07	
			合　计				83710.07	55545.23

注：为计取规费等的使用，可在表中增设其中："定额人工费"。

表12-33　分部分项工程和单价措施项目清单与计价表（二）

工程名称：××楼装饰装修工程　　　　　　标段：　　　　　　　第2页　共2页

序号	项目编码	项目名称	项目特征描述	计量单位	工程量	金额/元		
						综合单价	合价	其中 暂估价
			0113　天棚工程					
6	011302002001	格栅吊顶	1. 不上人型U形轻钢龙骨,600×600 2. 600×600石膏板面层	m²	162.40	49.62	8058.29	4697.76
			（其他略）					
			分部小计				11857.41	8403.43
			0108　门窗工程					
7	010801001001	胶合板门	1. 胶合板门M-2 2. 杉木框钉5mm厚胶合板 3. 面层3mm厚榉木板 4. 聚氨酯5遍 5. 门碰、执手锁11个	樘	13	427.50	5557.50	2900.65
8	010807001001	金属平开窗	1. 铝合金平开窗,铝合金1.2mm厚 2. 50系列5mm厚白玻璃	樘	8	276.22	2209.76	1375.64
			（其他略）					
			分部小计				54783.32	28927.12
			0114　油漆、涂料、裱糊工程					
9	011406001001	抹灰面油漆	1. 外墙门窗套外墙漆 2. 水泥砂浆面上刷外墙漆	m²	42.82	43.42	1859.24	
			分部小计				1859.24	
			本页小计				68499.97	37330.55
			合　计				152210.04	92875.78

注：为计取规费等的使用，可在表中增设其中："定额人工费"。

6. 综合单价分析表（表12-34）

编制投标报价时，综合单价分析表应填写使用的企业定额名称，也可填写使用的省级或行业建设主管部门发布的计价定额，如不使用则不填写。

表 12-34　综合单价分析表

工程名称：××楼装饰装修工程　　　　　　标段：　　　　　　　　第1页 共1页

项目编码	011406001001	项目名称	抹灰面油漆	计量单位	m²	工程量	43.42

清单综合单价组成明细

定额编号	定额项目名称	定额单位	数量	单价				合价			
				人工费	材料费	机械费	管理费和利润	人工费	材料费	机械费	管理费和利润
BE0267	抹灰面满刮两遍耐水腻子	100m²	0.01	360.00	2550.00	—	110.00	3.60	25.50	—	1.10
BE0267	外墙乳胶底漆一遍面漆两遍	100m²	0.01	320.00	900.00	—	102.00	3.20	9.00	—	1.02
人工单价			小计					6.80	34.50	—	2.12
45 元/工日			未计价材料费								
清单项目综合单价								43.42			

	主要材料名称、规格、型号	单位	数量	单价/元	合价/元	暂估单价/元	暂估合价/元
材料费明细	耐水成品腻子	kg	2.50	9.90	24.75		
	×××牌乳胶漆面漆	kg	0.353	19.50	6.88		
	×××牌乳胶漆底漆	kg	0.136	16.50	2.24		
	其他材料费			—	0.63	—	
	材料费小计			—	34.50	—	

注：1. 如不使用省级或行业建设主管部门发布的计价依据，可不填定额编号、名称等。
　　2. 招标文件提供了暂估单价的材料，按暂估的单价填入表内"暂估单价"栏及"暂估合价"栏。

7. 总价措施项目清单与计价表（表12-35）

编制投标报价时，总价措施项目清单与计价表中除"安全文明施工费"必须按《建设工程工程量清单计价规范》（GB 50500—2013）的强制性规定，按省级或行业建设主管部门的规定计取外，其他措施项目均可根据投标施工组织设计自主报价。

表 12-35　总价措施项目清单与计价表

工程名称：××楼装饰装修工程　　　　　　　　标段：　　　　　　　　第 1 页　共 1 页

序号	项目编码	项目名称	计算基础	费率(%)	金额/元	调整费率(%)	调整后金额/元	备注
1	011707001001	安全文明施工费	直接费	1.98	5795.71			
2	011707002001	夜间施工增加费	人工费	3	1806.78			
3	011707004001	二次搬运费	人工费	2	1204.52			
4	011707005001	冬雨期施工增加费	人工费	1	602.26			
5	011707007001	已完工程及设备保护费			1500.00			
6	011703001001	垂直运输机械费			3800.00			
	（其他略）							
	合　计				22236.90			

编制人（造价人员）：　　　　　　　　复核人（造价工程师）：

注：1. "计算基础"中安全文明施工费可为"定额基价""定额人工费"或"定额人工费+定额机械费"，其他项目可为"定额人工费"或"定额人工费+定额机械费"。

　　2. 按施工方案计算的措施费，若无"计算基础"和"费率"的数值，也可只填"金额"数值，但应在备注栏说明施工方案出处或计算方法。

8. 其他项目清单与计价汇总表（表 12-36）

编制投标报价时，其他项目清单与计价汇总表应按招标工程量清单提供的"暂列金额"和"专业工程暂估价"填写金额，不得变动。"计日工""总承包服务费"·自主确定报价。

表 12-36　其他项目清单与计价汇总表

工程名称：××楼装饰装修工程　　　　　　　　标段：　　　　　　　　第 1 页　共 1 页

序号	项目名称	金额/元	结算金额/元	备注
1	暂列金额	10000.00		明细详见(1)
2	暂估价	3000.00		
2.1	材料(工程设备)暂估单价	—		明细详见(2)
2.2	专业工程暂估价	3000.00		明细详见(3)
3	计日工	4666.50		明细详见(4)
4	总承包服务费	1060.00		明细详见(5)
5				
	合　计	18726.50		—

注：材料（工程设备）暂估单价计入清单项目综合单价，此处不汇总。

(1) 暂列金额明细表 (表 12-37)

表 12-37 暂列金额明细表

工程名称：××楼装饰装修工程 　　　　　　标段：　　　　　　　　第 1 页 共 1 页

序号	项目名称	计量单位	暂列金额/元	备注
1	政策性调整和材料价格风险	项	5000.00	
2	工程量清单中工程量变更和设计变更	项	4000.00	
3	其他	项	1000.00	
	合　计		10000.00	—

注：此表由招标人填写，如不能详列，也可只列暂定金额总额，投标人应将上述暂列金额计入投标总价中。

(2) 材料 (工程设备) 暂估单价及调整表 (表 12-38)

表 12-38 材料 (工程设备) 暂估单价及调整表

工程名称：××楼装饰装修工程 　　　　　　标段：　　　　　　　　第 1 页 共 1 页

序号	材料（工程设备）名称、规格、型号	计量单位	数量		暂估/元		确认/元		差额±/元		备注
			暂估	确认	单价	合价	单价	合价	单价	合价	
1	台阶花岗石	m²	5.80		200	1160					用在台阶装饰工程中
2	U 形轻龙骨大龙骨 $h=45$	m	68.00		3.61	245.48					用在部分吊顶工程中
	（其他略）										
	合　计					1405.48					

注：此表由招标人填写"暂估单价"，并在备注栏说明暂估价的材料、工程设备拟用在哪些清单项目上，投标人应将上述材料，工程设备暂估单价计入工程量清单综合单价报价中。

(3) 专业工程暂估价表 (表 12-39)

表 12-39 专业工程暂估价表

工程名称：××楼装饰装修工程 　　　　　　标段：　　　　　　　　第 1 页 共 1 页

序号	工程名称	工程内容	暂估金额/元	结算金额/元	差额±/元	备注
1	消防工程	合同图纸中标明的以及消防工程规范和技术说明中规定的各系统中的设备等的供应、安装和调试工作	3000.00			
	合　计		3000.00			

注：此表"暂估金额"由招标人填写，投标人应将"暂估金额"计入投标总价中。

（4）计日工表（表12-40）

表12-40　计日工表

工程名称：××楼装饰装修工程　　　　　　标段：　　　　　　　　第1页 共1页

编号	项目名称	单位	暂定数量	实际数量	综合单价/元	合价/元	
						暂定	实际
一	人工						
1	技工	工日	15		38.50	577.50	
2	抹灰工	工日	6		38.00	228.00	
3	油漆工	工日	6		38.00	228.00	
	人工小计					1033.50	
二	材料						
1	合金型材	kg	100.00		4.35	435.00	
2	油漆	kg	60.00		50.00	3000.00	
	材料小计					3435.00	
三	施工机械						
1	平面磨石机	台班	15		6.00	90.00	
2	磨光机	台班	18		6.00	108.00	
	施工机械小计					198.00	
四、企业管理费和利润							
	合 计					4666.50	

注：此表项目名称、暂定数量由招标人填写，编制招标控制价时，单价由招标人按有关计价规定确定；投标时，单价由投标人自主报价，按暂定数量计算合价计入投标总价中。结算时，按承包双方确认的实际数量计算合价。

（5）总承包服务费计价表（表12-41）　编制投标报价时，由投标人根据工程量清单中的总承包服务内容，自主决定报价。

表12-41　总承包服务费计价表

工程名称：××楼装饰装修工程　　　　　　标段：　　　　　　　　第1页 共1页

序号	项目名称	项目价值/元	服务内容	计算基础	费率（%）	金额/元
1	发包人发包专业工程	10000	1. 按专业工程承包人的要求提供施工工作面并对施工现场进行统一整理汇总 2. 为专业工程承包人提供垂直运输机械和焊接电源接入点,并承担垂直运输费和电费	项目价值	7	700.00
2	发包人供应材料	45000	对发包人供应的材料进行验收、保管和使用发放	项目价值	0.8	360.00
	合 计	—	—		—	1060.00

注：此表项目名称、服务内容由招标人填写，编制招标控制价时，费率及金额由招标人按有关计价规定确定；投标时，费率及金额由投标人自主报价，计入投标总价中。

9. 规费、税金项目计价表（表12-42）

表 12-42 规费、税金项目计价表

工程名称：××楼装饰装修工程　　　　　　　　　标段：　　　　　　　　　第 1 页 共 1 页

序号	项目名称	计算基础	计算基数	计算费率(%)	金额/元
1	规费				17432.55
1.1	工程排污费	按工程所在地环保部门规定按实计算			—
1.2	社会保险费		(1)+(2)+(3)+(4)		13550.85
(1)	养老保险费	定额人工费		14	8431.64
(2)	失业保险费	定额人工费		2	1204.52
(3)	医疗保险费	定额人工费		6	3613.56
(4)	工伤保险费	定额人工费		0.5	301.13
1.3	住房公积金	定额人工费		6	3613.56
1.4	工程定额预测费	税前工程造价		0.14	268.14
2	税金	分部分项工程费+措施项目费+其他项目费+规费-按规定不计税的工程设备金额		3.413	7131.87
合　计					24564.42

编制人（造价人员）：　　　　　　　　　　复核人（造价工程师）：

10. 总价项目进度款支付分解表（表12-43）

表 12-43 总价项目进度款支付分解表

工程名称：××楼装饰装修工程　　　　　　　　　标段：　　　　　　　　　第 1 页 共 1 页

序号	项目名称	总价金额	首次支付	二次支付	三次支付	四次支付	五次支付	
1	安全文明施工费	5795.71	1738.71	1738.71	1159.14	1159.15		
2	夜间施工增加费	1806.78	361.35	361.35	361.35	361.35	361.38	
3	二次搬运费	7269.40	1453.88	1453.88	1453.88	1453.88	1453.88	
	略							
	社会保险费	13550.85	2710.17	2710.17	2710.17	2710.17	2710.17	
	住房公积金	3613.56	722.71	722.71	722.71	722.71	722.72	
	合　计							

编制人（造价人员）：　　　　　　　　　　复核人（造价工程师）：

注：1. 本表应由承包人在投标报价时根据发包人在招标文件明确的进度款支付周期与报价填写，签订合同时，发承包双方可就支付分解协商调整后作为合同附件。

2. 单价合同使用本表，"支付"栏时间应与单价项目进度款支付周期相同。

3. 总价合同使用本表，"支付"栏时间应与约定的工程计量周期相同。

11. 主要材料、工程设备一览表

（1）承包人在投标报价中按发包人要求填写的承包人提供主要材料和工程设备一览表（适用于造价信息差额调整法）（表12-44）

表12-44 承包人提供主要材料和工程设备一览表（一）

（适用于造价信息差额调整法）

工程名称：××楼装饰装修工程　　　　　　　　　　标段：　　　　　　　　　　第1页 共1页

序号	名称、规格、型号	单位	数量	风险系数（%）	基准单价/元	投标单价/元	发承包人确认单价/元	备注
1	预拌混凝土 C10	m³	15	≤5	240	235		
2	预拌混凝土 C15	m³	100	≤5	263	260		
3	预拌混凝土 C20	m³	880	≤5	280	280		
	（其他略）							

注：1. 此表由招标人填写除"投标单价"栏的内容，投标人在投标时自主确定投标单价。

2. 投标人应优先采用工程造价管理机构发布的单价作为基准单价，未发布的，通过市场调查确定其基准单价。

（2）承包人在投标报价中按发包人要求填写的承包人提供主要材料和工程设备一览表（适用于价格指数差额调整法）（表12-45）

表12-45 承包人提供主要材料和工程设备一览表（二）

（适用于价格指数差额调整法）

工程名称：××楼装饰装修工程　　　　　　　　　　标段：　　　　　　　　　　第1页 共1页

序号	名称、规格、型号	变值权重 B	基本价格指数 F_0	现行价格指数 F_t	备注
1	人工	0.18	110%		
2	合金型钢	0.11	4200 元/t		
3	预拌混凝土 C20	0.16	280 元/m³		
4	机械费	8	100%		
	定值权重 A	42	—	—	
	合　计	1	—	—	

注：1. "名称、规格、型号""基本价格指数"栏由招标人填写，基本价格指数应首先采用工程造价管理机构发布的价格指数，没有时，可采用发布的价格代替。如人工、机械费也采用本法调整由招标人在"名称"栏填写。

2. "变值权重"栏由投标人根据该项人工、机械费和材料、工程设备值在投标总报价中所占的比例填写，1减去其比例为定值权重。

3. "现行价格指数"按约定的付款证书相关周期最后一天的前42d的各项价格指数填写，该指数应首先采用工程造价管理机构发布的价格指数，没有时，可采用发布的价格代替。

12.4　装饰装修工程竣工结算编制

现以某楼装饰装修工程为例介绍工程竣工结算编制（发包人核对）。

1. 封面（图 12-10）

竣工结算书封面应填写竣工工程的具体名称，发承包双方应盖其单位公章，如委托工程造价咨询人办理的，还应加盖其单位公章。

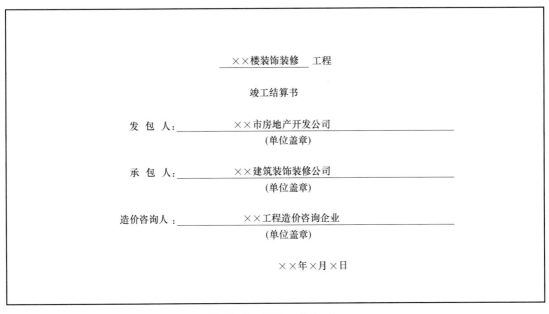

图 12-10　竣工结算书封面

2. 扉页（图 12-11）

（1）承包人自行编制竣工结算总价，竣工结算总价扉页由承包人单位注册的造价人员编制，承包人盖单位公章，法定代表人或其授权人签字或盖章，编制的造价人员（造价工程师或造价员）在编制人栏签字盖执业专用章。

发包人自行核对竣工结算时，由发包人单位注册的造价工程师核对，发包人盖单位公章，法定代表人或其授权人签字或盖章，造价工程师在核对人栏签字盖执业专用章。

（2）发包人委托工程造价咨询人核对竣工结算时，竣工结算总价扉页由工程造价咨询人单位注册的造价工程师核对，发包人盖单位公章，法定代表人或其授权人签字或盖章；工程造价咨询人盖单位资质专用章，法定代表人或其授权人签字或盖章，造价工程师在核对人栏签字盖执业专用章。

除非出现发包人拒绝或不答复承包人竣工结算书的特殊情况，竣工结算办理完毕后，竣工结算总价封面发承包双方的签字、盖章应当齐全。

3. 总说明（图 12-12）

竣工结算的总说明内容应包括：

（1）工程概况。

（2）编制依据。

（3）工程变更。

（4）工程价款调整。

（5）索赔。

（6）其他等。

```
          ××楼装饰装修    工程

              竣工结算总价


      签约合同价(小写):  216093.85元   (大写): 贰拾壹万陆仟零玖拾叁元捌角伍分
      竣工结算价(小写):  212550.74元   (大写): 贰拾壹万贰仟伍佰伍拾元柒角肆分


    发包人:   ×××        承包人:   ×××        造价咨询人: ××工程造价咨询企业
           (单位盖章)          (单位盖章)                (单位资质专用章)


    法定代表人          法定代表人          法定代表人
    或其授权人: ×××     或其授权人: ×××     或其授权人: ×××
          (签字或盖章)        (签字或盖章)          (签字或盖章)


        编制人:    ×××              核对人:    ×××
          (造价人员签字盖专用章)           (造价工程师签字盖专用章)

        编制时间:××年×月×日         核对时间:××年×月×日
```

图 12-11 竣工结算书扉页

工程名称:××楼装饰装修   第1页 共1页

```
 1.工程概况:该工程建筑面积500m², 其主要使用功能为商住楼;层数为三层,混合结构,建筑高度10.8m。合同工期为
60d,实际施工工期55d。
 2.竣工结算依据
  (1)承包人报送的竣工结算。
  (2)施工合同、投标文件、招标文件。
  (3)竣工图、发包人确认的实际完成工程量和索赔及现场签证资料。
  (4)省建设主管部门颁发的计价定额和计价管理办法及相关计价文件。
  (5)省工程造价管理机构发布人工费调整文件。
 3.核对情况说明:(略)。
 4.结算价分析说明:(略)。
```

注:此为发包人核对送竣工结算总说明。

图 12-12 总说明

4. 竣工结算汇总表 (表 12-46~表 12-48)

表 12-46 建设项目竣工结算汇总表

工程名称:××楼装饰装修   第1页 共1页

序号	单项工程名称	金额/元	其中:/元	
			安全文明施工费	规费
1	××楼装饰装修工程	212550.74	5800.00	18124.21
	合 计	212550.74	5800.00	18124.21

表 12-47　单项工程竣工结算汇总表

工程名称：××楼装饰装修工程　　　　　　　　　　　　　第 1 页　共 1 页

序号	单位工程名称	金额/元	其中:/元	
			安全文明施工费	规费
1	××楼装饰装修工程	212550.74	5800.00	18124.21
	合　计	212550.74	5800.00	18124.21

表 12-48　单位工程竣工结算汇总表

工程名称：××楼装饰装修工程　　　　　　　标段：　　　　　　第 1 页　共 1 页

序号	汇总内容	金额/元
1	分部分项工程	152383.94
0111	楼地面工程	55832.46
0112	墙、柱面工程	28960.38
0113	天棚工程	11047.88
0108	门窗工程	54733.86
0114	油漆、涂料、裱糊工程	1809.36
2	措施项目	22186.26
2.1	其中:安全文明施工费	5800.00
3	其他项目	12841.39
3.1	其中:专业工程结算价	2800.00
3.2	其中:计日工	4431.75
3.3	其中:总承包服务费	1057.64
3.4	其中:索赔与现场签证	4552.00
4	规费	18124.21
5	税金	7014.94
竣工结算总价合计 = 1+2+3+4+5		212550.74

注：如无单位工程划分，单项工程也使用本表汇总。

5. 分部分项工程和单价措施项目清单与计价表（表 12-49、表 12-50）

编制竣工结算时，分部分项工程和单价措施项目清单与计价表中可取消"暂估价"。

表 12-49　分部分项工程和单价措施项目清单与计价表（一）

工程名称：××楼装饰装修工程　　　　　　　标段：　　　　　　第 1 页　共 2 页

序号	项目编码	项目名称	项目特征描述	计量单位	工程量	综合单价	合价	其中 暂估价
			0111　楼地面工程					
1	011101001001	水泥砂浆楼地面	1. 二层楼面粉水泥砂浆 2. 1:2 水泥砂浆，厚20mm	m²	10.68	8.45	90.25	

（续）

序号	项目编码	项目名称	项目特征描述	计量单位	工程量	综合单价	合价	其中 暂估价
2	011102001001	石材楼地面	1. C10混凝土垫层,粒径40mm,厚8mm 2. 一层大理石地面,0.80m×0.80m大理石面层	m²	85.00	203.75	17318.75	
			（其他略）					
			分部小计				55832.46	
			0112　墙、柱面工程					
3	011201001001	墙面一般抹灰	1. 混合砂浆15mm厚 2. 乳胶漆三遍	m²	920.00	13.28	12217.60	
4	011204003001	块料墙面	1. 瓷板墙裙,砖墙面层 2. 1:3水泥砂浆,17mm厚	m²	70.00	35.00	2450.00	
			（其他略）					
			分部小计				28960.38	
			0113　天棚工程					
5	011301001001	天棚抹灰	1. 现浇板底 2. 1:1:4水泥、石灰砂浆,7mm厚 3. 1:0.5:3水泥砂浆,5mm厚 4. 乳胶漆三遍	m²	120	13.30	1596.00	
			分部小计				1596.00	
			本页小计				86388.84	
			合　计				86388.84	

注：为计取规费等的使用，可在表中增设其中："定额人工费"。

表 12-50　分部分项工程和单价措施项目清单与计价表（二）

工程名称：××楼装饰装修工程　　　　　　　　标段：　　　　　　　　第2页 共2页

序号	项目编码	项目名称	项目特征描述	计量单位	工程量	综合单价	合价	其中 暂估价
			0113　天棚工程					
6	011302002001	格栅吊顶	1. 不上人型U形轻钢龙骨,600×600 2. 600×600石膏板面层	m²	162.40	49.20	7990.08	
			（其他略）					
			分部小计				11047.88	
			0108　门窗工程					
7	010801001001	胶合板门	1. 胶合板门 M-2 2. 杉木框钉5mm厚胶合板 3. 面层3mm厚榉木板 4. 聚氨酯5遍 5. 门碰、执手锁11个	樘	13	427.50	5557.50	
8	010807001001	金属平开窗	1. 铝合金平开窗,铝合金1.2mm厚 2. 50系列5mm厚白玻璃	樘	8	276.22	2209.76	

（续）

序号	项目编码	项目名称	项目特征描述	计量单位	工程量	金额/元		
						综合单价	合价	其中 暂估价
			（其他略）					
			分部小计				54733.86	
			0114　油漆、涂料、裱糊工程					
9	011406001001	抹灰面油漆	1. 外墙门窗套外墙漆 2. 水泥砂浆面上刷外墙漆	m²	42.00	43.08	1809.36	
			分部小计				1809.36	
			本页小计				65995.10	
			合　计				152383.94	

注：为计取规费等的使用，可在表中增设其中："定额人工费"。

6. 综合单价分析表（表 12-51）

编制工程结算时，应在已标价工程量清单中的综合单价分析表中将确定的调整过的人工单价、材料单价等进行置换，形成调整后的综合单价。

表 12-51　综合单价分析表

工程名称：××楼装饰装修工程　　　　　　　　标段：　　　　　　　　　第1页　共1页

项目编码	011406001001		项目名称	抹灰面油漆		计量单位	m²	工程量	43.08

清单综合单价组成明细

定额编号	定额项目名称	定额单位	数量	单价				合价			
				人工费	材料费	机械费	管理费和利润	人工费	材料费	机械费	管理费和利润
BE0267	抹灰面满刮耐水腻子	100m²	0.01	360.00	2530.00	—	110.00	3.60	25.30	—	1.10
BE0267	外墙乳胶底漆一遍面漆二遍	100m²	0.01	320.00	886.00	—	102.00	3.20	8.86	—	1.02
人工单价		小计						6.80	34.16	—	2.12
45 元/工日		未计价材料费									
清单项目综合单价								43.08			

	主要材料名称、规格、型号	单位	数量	单价/元	合价/元	暂估单价/元	暂估合价/元
材料费明细	耐水成品腻子	kg	2.50	9.90	24.75		
	×××牌乳胶漆面漆	kg	0.35	19.50	6.83		
	×××牌乳胶漆底漆	kg	0.14	16.50	2.31		
	其他材料费			—	0.25	—	
	材料费小计			—	34.14	—	

注：1. 如不使用省级或行业建设主管部门发布的计价依据，可不填定额编号、名称等。
　　2. 招标文件提供了暂估单价的材料，按暂估的单价填入表内"暂估单价"栏及"暂估合价"栏。

7. 综合单价调整表（表 12-52）

综合单价调整表用于由于各种合同约定调整因素出现时调整综合单价，此表实际上是一个汇总性质的表，各种调整依据应附表后，并且注意，项目编码、项目名称必须与已标价工程量清单保持一致，不得发生错漏，以免发生争议。

表 12-52　综合单价调整表

工程名称：××楼装饰装修工程　　　　　　　标段：　　　　　　　　　　第 1 页 共 1 页

序号	项目编码	项目名称	已标价清单综合单价/元					调整后综合单价/元				
			综合单价	其中				综合单价	其中			
				人工费	材料费	机械费	管理费和利润		人工费	材料费	机械费	管理费和利润
1	011406001001	抹灰面油漆	43.42	6.80	34.50	—	2.12	43.08	6.80	34.16	—	2.12
	（其他略）											

造价工程师（签章）:发包人代表（签章）:　　　　造价人员（签章）:发包人代表（签章）:

日期:　　　　　　　　　　　　　　　　　日期:

注：综合单价调整应附调整依据。

8. 总价措施项目清单与计价表（表 12-53）

编制工程结算时，如省级或行业建设主管部门调整了安全文明施工费，应按调整后的标准计算此费用，其他总价措施项目经发承包双方协商进行了调整的，按调整后的标准计算。

表 12-53　总价措施项目清单与计价表

工程名称：××楼装饰装修工程　　　　　　　标段：　　　　　　　　　　第 1 页 共 1 页

序号	项目编码	项目名称	计算基础	费率（%）	金额/元	调整费率（%）	调整后金额/元	备注
1	011707001001	安全文明施工费	直接费	1.98	5795.71	1.98	5800.00	
2	011707002001	夜间施工增加费	人工费	3	1806.78	3	1828.78	
3	011707004001	二次搬运费	人工费	2	1204.52	2	1219.19	
4	011707005001	冬雨期施工增加费	人工费	1	602.26	1	609.59	
5	011707007001	已完工程及设备保护费			1500.00		1500.00	
6	011703001001	垂直运输机械费			3800.00		3800.00	
	（其他略）							
	合　计				22236.90		22186.26	

编制人（造价人员）:　　　　　　复核人（造价工程师）:

注：1. "计算基础"中安全文明施工费可为"定额基价""定额人工费"或"定额人工费+定额机械费"，其他项目可为"定额人工费"或"定额人工费+定额机械费"。

　　2. 按施工方案计算的措施费，若无"计算基础"和"费率"的数值，也可只填"金额"数值，但应在备注栏说明施工方案出处或计算方法。

9. 其他项目清单与计价汇总表（表12-54）

编制或核对工程结算，"专业工程暂估价"按实际分包结算价填写，"计日工""总承包服务费"按双方认可的费用填写，如发生"索赔"或"现场签证"费用，按双方认可的金额计入该表。

表12-54 其他项目清单与计价汇总表

工程名称：××楼装饰装修工程　　　　　标段：　　　　　　　第1页 共1页

序号	项目名称	金额/元	结算金额/元	备注
1	暂列金额		—	
2	暂估价	—	2800.00	
2.1	材料（工程设备）暂估单价	—	—	
2.2	专业工程暂估价	3000.00	2800.00	明细详见（3）
3	计日工	4666.50	4431.75	明细详见（4）
4	总承包服务费	1060.00	1057.64	明细详见（5）
5	索赔与现场签证	—	4552.00	明细详见（6）
	合　计		12841.39	—

注：材料（工程设备）暂估单价计入清单项目综合单价，此处不汇总。

（1）材料（工程设备）暂估单价及调整表（表12-55）

表12-55 材料（工程设备）暂估单价及调整表

工程名称：××楼装饰装修工程　　　　　标段：　　　　　　　第1页 共1页

序号	材料（工程设备）名称、规格、型号	计量单位	数量 暂估	数量 确认	暂估/元 单价	暂估/元 合价	确认/元 单价	确认/元 合价	差额±/元 单价	差额±/元 合价	备注
1	台阶花岗石	m²	5.80	5.80	200	1160	198	1148.40	-2	-11.60	
2	U形轻龙骨大龙骨 h=45	m	68.00	68.00	3.61	245.48	3.25	221.00	-0.36	-24.48	
	（其他略）										
	合　计					1405.48		1369.40		-36.08	

注：此表由招标人填写"暂估单价"，并在备注栏说明暂估价的材料、工程设备拟用在哪些清单项目上，投标人应将上述材料、工程设备暂估单价计入工程量清单综合单价报价中。

（2）专业工程暂估价表（表12-56）

表12-56 专业工程暂估价表

工程名称：××楼装饰装修工程　　　　　标段：　　　　　　　　第1页 共1页

序号	工程名称	工程内容	暂估金额/元	结算金额/元	差额±/元	备注
1	消防工程	合同图纸中标明的以及消防工程规范和技术说明中规定的各系统中的设备等的供应、安装和调试工作	3000.00	2800.00	-200	
合 计			3000.00	2800.00	-200	

注：此表"暂估金额"由招标人填写，投标人应将"暂估金额"计入投标总价中，结算时按合同约定结算金额填写。

（3）计日工表（表12-57）

表12-57 计日工表

工程名称：××楼装饰装修工程　　　　　标段：　　　　　　　　第1页 共1页

编号	项目名称	单位	暂定数量	实际数量	综合单价/元	合价/元 暂定	合价/元 实际
一	人工						
1	技工	工日	15	13	38.50	577.50	500.50
2	抹灰工	工日	6	6	38.00	228.00	228.00
3	油漆工	工日	6	6	38.00	228.00	228.00
人工小计							956.50
二	材料						
1	合金型材	kg	100.00	95	4.35	435.00	413.25
2	油漆	kg	60.00	58	50.00	3000.00	2900.00
材料小计							3313.25
三	施工机械						
1	平面磨石机	台班	15	12	6.00	90.00	72.00
2	磨光机	台班	18	15	6.00	108.00	90.00
施工机械小计							162.00
四、企业管理费和利润							
总 计							4431.75

注：此表项目名称、暂定数量由招标人填写，编制招标控制价时，单价由招标人按有关计价规定确定；投标时，单价由投标人自主报价，按暂定数量计算合价计入投标总价中。结算时，按承包双方确认的实际数量计算合价。

（4）总承包服务费计价表（表 12-58）

表 12-58　总承包服务费计价表

工程名称：××楼装饰装修工程　　　　　　标段：　　　　　　　　　　第 1 页 共 1 页

序号	项目名称	项目价值/元	服务内容	计算基础	费率(%)	金额/元
1	发包人发包专业工程	9980	1. 按专业工程承包人的要求提供施工工作面并对施工现场进行统一整理汇总 2. 为专业工程承包人提供垂直运输机械和焊接电源接入点，并承担垂直运输费和电费	项目价值	7	698.60
2	发包人供应材料	44880	对发包人供应的材料进行验收及保管和使用发放	项目价值	0.8	359.04
合　计	—		—		—	1057.64

（5）索赔与现场签证计价汇总表（表 12-59）　索赔与现场签证计价汇总表是对发承包双方签证认可的"费用索赔申请（核准）表"和"现场签证表"的汇总。

表 12-59　索赔与现场签证计价汇总表

工程名称：××楼装饰装修工程　　　　　　标段：　　　　　　　　　　第 1 页 共 1 页

序号	签证及索赔项目名称	计量单位	数量	单价/元	合价/元	索赔及签证依据
1	暂停施工				2552.00	001
2	吊灯	顶	2	1000	2000.00	002
	（其他略）					
	本页小计	—	—	—	4552.00	—
	合　计	—	—	—	4552.00	—

注：签证及索赔依据是指经双方认可的签证单和索赔依据的编号。

（6）费用索赔申请（核准）表（表 12-60）　费用索赔申请（核准）表将费用索赔申请与核准设置于一个表，非常直观。使用本表时，承包人代表应按合同条款的约定阐述原因，附上索赔证据、费用计算报发包人，经监理工程师复核（按照发包人的授权不论是监理工程师或发包人现场代表均可），经造价工程师（此处造价工程师可以是承包人现场管理人员，也可以是发包人委托的工程造价咨询企业的人员）复核具体费用，经发包人审核后生效，该表以在选择栏中"□"内做标志"√"表示。

表 12-60　费用索赔申请（核准）表

工程名称：××楼装饰装修工程　　　　　　标段：　　　　　　　　　　编号：001

致：××市房地产开发公司
根据施工合同条款第 12 条的约定，由于<u>你方工作需要</u>原因，我方要求索赔金额（大写）<u>贰仟伍佰伍拾贰元</u>（小写 <u>2552.00 元</u>），请予核准。 附：1. 费用索赔的详细理由和依据：(详见附件 1) 　　2. 索赔金额的计算：(详见附件 2) 　　3. 证明材料：(现场监理工程师现场人数确认) 　　　　　　　　　　　　　　　　　　　　　　　　承包人（章）：（略） 　　　　　　　　　　　　　　　　　　　　　　　　承包人代表：　<u>×××</u> 　　　　　　　　　　　　　　　　　　　　　　　　日　　　期：××年×月×日

复核意见：	复核意见：
根据施工合同条款第 12 条的约定，你方提出的费用索赔申请经复核： 　　□不同意此项索赔，具体意见见附件。 　　☑同意此项索赔，索赔金额的计算，由造价工程师复核。 　　　　监理工程师：　<u>×××</u> 　　　　日　　期：××年×月×日	根据施工合同条款第 12 条的约定，你方提出的费用索赔申请经复核，索赔金额为（大写）<u>贰仟伍佰伍拾贰元</u>（小写 <u>2552.00 元</u>）。 　　　　监理工程师：　<u>×××</u> 　　　　日　　期：××年×月×日

审核意见：
□不同意此项索赔。 　　☑同意此项索赔，与本期进度款同期支付。 　　　　　　　　　　　　　　　　　　　　　　　　发包人（章）：（略） 　　　　　　　　　　　　　　　　　　　　　　　　发包人代表：　<u>×××</u> 　　　　　　　　　　　　　　　　　　　　　　　　日　　　期：××年×月×日

注：1. 在选择栏中的"□"内做标志"√"。

　　2. 本表一式四份，由承包人填报，发包人、监理人、造价咨询人、承包人各存一份。

附件 1

关于暂停施工的通知

××建筑装饰装修公司××项目部：

　　为保持各考点周围环境安静，杜绝建筑工地产生可能影响考生考试的噪声或震动干扰，根据市政府统一部署，从 6 月 7 日～9 日期间，以及 6 月 14 日～16 日期间，全面暂停施工作业，严禁产生施工噪声、震动和扬尘。期间并配合上级主管部门进行工程质量检查工作。

　　特此通知。

　　　　　　　　　　　　　　　　　　　　　　　　　　××工程指挥办公室

　　　　　　　　　　　　　　　　　　　　　　　　　　××年××月××日

附件 2

索赔费用计算表

编号：第×××号

一、人工费

1. 技工 13 人：13（人）×80 元/工日×3 日 = 1040 元

2. 抹灰工 6 人：6（人）×60 元/工日×3 日 = 360 元

3. 油漆工人：6（人）×60 元/工日×3 日 = 360 元

小计：1760 元

二、管理费

1760×45% = 792.00 元

索赔费用合计：2552.00 元

（7）现场签证表（表12-61）　现场签证种类繁多，发承包双方在工程实施过程中来往信函就责任事件的证明均可称为现场签证，但并不是所有的签证均可马上算出价款，有的需要经过索赔程序，这时的签证仅是索赔的依据，有的签证可能根本不涉及价款。本表仅是针对现场签证需要价款结算支付的一种，其他内容的签证也可适用。考虑到招标时招标人对计日工项目的预估难免会有遗漏，造成实际施工发生后，无相应的计日工单价，现场签证只能包括单价一并处理，因此，在汇总时，有计日工单价的，可归并于计日工，如无计日工单价的，归并于现场签证，以示区别。当然，现场签证全部汇总于计日工也是一种可行的处理方式。

表12-61　现场签证表

工程名称：××楼装饰装修工程　　　　　　标段：　　　　　　　　　　　　编号：002

施工单位	指定位置	日期	××年×月×日

致：××市房地产开发公司

　　根据××　（指令人姓名）××年××月××日书面通知,我方要求完成此项工作应支付价款金额为（大写）<u>贰仟元</u>（小写<u>2000.00</u>）,请予核准。

附:1. 签证事由及原因:增加吊顶2顶。

　　2. 附图及计算式:（略）

承包人（章）:（略）

承包人代表:<u>×××</u>

日　　　期:××年×月×日

复核意见:	复核意见:
你方提出的此项签证申请经复核: □不同意此项签证,具体意见见附件。 ☑同意此项签证,签证金额的计算,由造价工程师复核。 监理工程师:<u>×××</u> 日　　　期:××年×月×日	☑此项签证按承包人中标的计日工单价计算,金额为（大写）<u>贰仟元</u>,（小写 <u>2000.00</u>）。 □此项签证因无计日工单价,金额为（大写）____元,（小写）____。 造价工程师:<u>×××</u> 日　　　期:××年×月×日

审核意见:

□不同意此项签证。

☑同意此项签证,价款与本期进度款同期支付。

承包人（章）:（略）

承包人代表:<u>×××</u>

日　　　期:××年×月×日

注:1. 在选择栏中的"□"内做标志"√"。

　　2. 本表一式四份, 由承包人在收到发包人（监理人）的口头或书面通知后填写, 发包人、监理人、造价咨询人、承包人各存一份。

10. 规费、税金项目计价表（表 12-62）

表 12-62　规费、税金项目计价表

工程名称：××楼装饰装修工程　　　　　　　　标段：　　　　　　　　第 1 页 共 1 页

序号	项目名称	计算基础	计算基数	计算费率（%）	金额/元
1	规费				18124.21
1.1	工程排污费	按工程所在地环保部门规定按实计算			488.42
1.2	社会保险费		（1）+（2）+（3）+（4）		13715.85
（1）	养老保险费	定额人工费		14	8534.31
（2）	失业保险费	定额人工费		2	1219.19
（3）	医疗保险费	定额人工费		6	3657.56
（4）	工伤保险费	定额人工费		0.5	304.80
1.3	住房公积金	定额人工费		6	3657.56
1.4	工程定额预测费	税前工程造价		0.14	262.38
2	税金	分部分项工程费+措施项目费+其他项目费+规费−按规定不计税的工程设备金额		3.413	7014.94
合　计					25139.15

编制人（造价人员）：　　　　　　　　复核人（造价工程师）：

11. 工程计量申请（核准）表（表 12-63）

工程计量申请（核准）表填写的"项目编码""项目名称""计量单位"应与已标价工程量清单表中的一致，承包人应在合同约定的计量周期结束时，将申报数量填写在申报数量栏，发包人核对后如与承包人不一致，填在核实数量栏，经发承包双发共同核对确认的计量填在确认数量栏。

表 12-63　工程计量申请（核准）表

工程名称：××楼装饰装修工程　　　　　　　　标段：　　　　　　　　第 1 页 共 1 页

序号	项目编码	项目名称	计量单位	承包人申报数量	发包人核实数量	发承包人确认数量	备注
1	011102001001	石材楼地面	m²	83.25	85.00	85.00	
2	011201001001	墙面一般抹灰	m²	926.15	920.00	920.00	
3	011204003001	块料墙面	m²	66.32	70.00	70.00	
4	011301001001	天棚抹灰	m²	123.61	120.00	120.00	
5	011406001001	抹灰面油漆	m²	42.82	43.08	43.08	
	（略）						

承包人代表：　　　　　　监理工程师：　　　　　　　造价工程师：　　　　　　发包人代表：

×××　　　　　　　　　×××　　　　　　　　×××　　　　　　　　×××

日期:××年×月×日　　日期:××年×月×日　　日期:××年×月×日　　日期:××年×月×日

12. 预付款支付申请（核准）表（表12-64）

表12-64 预付款支付申请（核准）表

工程名称：××楼装饰装修工程　　　　　标段：　　　　　第1页 共1页

致：××市房地产开发公司

我方根据施工合同的约定，先申请支付工程预付款额为（大写）贰万壹仟玖佰陆拾玖元（小写 21969.00 元），请予核准。

序号	名称	申请金额/元	复核金额/元	备注
1	已签约合同价款金额	216093.85	216093.85	
2	其中:安全文明施工费	5795.71	5795.71	
3	应支付的预付款	21609.00	20961.00	
4	应支付的安全文明施工费	360.00	360.00	
5	合计应支付的预付款	21969.00	21969.00	

计算依据见附件

承包人（章）

造价人员：____×××____　　承包人代表：____×××____　　日　期：××年×月×日

复核意见：	复核意见：
□与合同约定不相符，修改意见见见附件。 ☑与合约约定相符，具体金额由造价工程师复核。	你方提出的支付申请经复核，应支付预付款金额为（大写）贰万壹仟玖佰陆拾玖元（小写 21969.00 元）。
监理工程师：____×××____ 日　期：××年×月×日	造价工程师：____×××____ 日　期：××年×月×日

审核意见：

□不同意。

☑同意，支付时间为本表签发后的 15d 内。

发包人（章）

发包人代表：____×××____

日　期：××年×月×日

注：1. 在选择栏中的"□"内做标志"√"。

2. 本表一式四份，由承包人填报，发包人、监理人、造价咨询人、承包人各存一份。

13. 进度款支付申请（核准）表（表12-65）

表12-65 进度款支付申请（核准）表

工程名称：××楼装饰装修工程　　　　　标段：　　　　　编号：

致：××市房地产开发公司

我于××至××期间已完成了墙、柱面工作，根据施工合同的约定，现申请支付本期的工程款额为（大写）伍万元（小写 50000.00 元），请予核准。

序号	名称	申请金额/元	复核金额/元	备注
1	累计已完成的工程价款	85000.00	85000.00	
2	累计已实际支付的工程价款	35000.00	35000.00	
3	本周期已完成的工程价款	50000.00	50000.00	
4	本周期完成的计日工金额			
5	本周期应增加和扣减的变更金额			
6	本周期应增加和扣减的索赔金额			
7	本周期应抵扣的预付款			
8	本周期应扣减的质保金			
9	本周期应增加或扣减的其他金额			
10	本周期实际应支付的工程价款	50000.00	50000.00	

附：上述3、4详见附件清单。

承包人（章）

造价人员：　×××　　　承包人代表：　×××　　　日　期：××年×月×日

复核意见：
□与实际施工情况不相符，修改意见见附件。
☑与实际施工情况相符，具体金额由造价工程师复核。

监理工程师：　×××
日　期：××年×月×日

复核意见：
你方提供的支付申请经复核，本期间已完成工程款额为（大写）伍万元（小写 50000.00 元），本期间应支付金额为（大写）伍万元（小写 50000.00 元）。

造价工程师：　×××
日　期：××年×月×日

审核意见：
□不同意。
☑同意，支付时间为本表签发后的15d内。

发包人（章）
发包人代表：　×××
日　期：××年×月×日

注：1. 在选择栏中的"□"内做标志"√"。
　　2. 本表一式四份，由承包人填报，发包人、监理人、造价咨询人、承包人各存一份。

14. 竣工结算款支付申请（核准）表（表 12-66）

表 12-66　竣工结算款支付申请（核准）表

工程名称：××楼装饰装修工程　　　　　　　　标段：　　　　　　　　编号：

致：××市房地产开发公司

我方于××至××期间已完成合同约定的工作，工程已经完工，根据施工合同的约定，现申请支付竣工结算合同款额为（大写）贰万贰仟玖佰陆拾玖元贰角肆分（小写 22969.24 元），请予核准。

序号	名称	申请金额/元	复核金额/元	备注
1	竣工结算合同价款总额	212550.74	212550.74	
2	累计已实际支付的合同价款	178954.00	178954.00	
3	应预留的质量保证金	10627.50	10627.50	
4	应支付的竣工结算款金额	22969.24	22969.24	

承包人（章）

造价人员：　×××　　　　承包人代表：　×××　　　　日　　期：××年×月×日

复核意见： □与实际施工情况不相符，修改意见见附件。 ☑与实际施工情况相符，具体金额由造价工程师复核。 监理工程师：　××× 日　　期：××年×月×日	复核意见： 　你方提出的竣工结算款支付申请经复核，竣工结算款总额为（大写）贰拾壹万贰仟伍佰伍拾柒元柒角肆分（小写 212550.74 元），扣除前期支付以及质量保证金后应支付金额为（大写）贰万贰仟玖佰陆拾玖元贰角肆分（小写 22969.24 元）。 造价工程师：　××× 日　　期：××年×月×日

审核意见：

□不同意。

☑同意，支付时间为本表签发后的 15d 内。

发包人（章）

发包人代表：　×××

日　　期：××年×月×日

注：1. 在选择栏中的"□"内做标志"√"。

　　2. 本表一式四份，由承包人填报，发包人、监理人、造价咨询人、承包人各存一份。

15. 最终结清支付申请（核准）表（表 12-67）

表 12-67　最终结清支付申请（核准）表

工程名称：××楼装饰装修工程　　　　　　　　标段：　　　　　　　　编号：

致：××市房地产开发公司

　　我于××至××期间已完成了缺陷修复工作,根据施工合同的约定,现申请支付最终结清合同款额为(大写)壹万零陆佰贰拾柒元五角(小写 10627.50 元),请予核准。

序号	名称	申请金额/元	复核金额/元	备注
1	已预留的质量保证金	10627.50	10627.50	
2	应增加因发包人原因造成缺陷的修复金额	0	0	
3	应扣减承包人不修复缺陷、发包人组织修复的金额	0	0	
4	最终应支付的合同价款	10627.50	10627.50	

承包人（章）

造价人员：＿×××＿　　　承包人代表：＿×××＿　　　日　　期：××年×月×日

复核意见： □与实际施工情况不相符,修改意见见附件。 ☑与实际施工情况相符,具体金额由造价工程师复核。 监理工程师：＿×××＿ 日　　期：××年×月×日	复核意见： 　你方提出的支付申请经复核,最终应支付金额为(大写)壹万零陆佰贰拾柒元五角（小写 10627.50 元）。 造价工程师：＿×××＿ 日　　期：××年×月×日

审核意见：

□不同意。

☑同意,支付时间为本表签发后的 15d 内。

发包人（章）

发包人代表：＿×××＿

日　　期：××年×月×日

注：1. 在选择栏中的"□"内做标志"√"。

　　2. 本表一式四份,由承包人填报,发包人、监理人、造价咨询人、承包人各存一份。

16. 承包人提供主要材料和工程设备一览表

（1）发承包双方确认的承包人提供主要材料和工程设备一览表（适用于造价信息差额调整法）（表 12-68）

表 12-68　承包人提供主要材料和工程设备一览表（一）
（适用于造价信息差额调整法）

工程名称：××楼装饰装修工程　　　　　　　标段：　　　　　　　　第 1 页　共 1 页

序号	名称、规格、型号	单位	数量	风险系数（%）	基准单价/元	投标单价/元	发承包人确认单价/元	备注
1	预拌混凝土 C10	m^3	15	≤5	240	235	236	
2	预拌混凝土 C15	m^3	100	≤5	263	260	258.50	
3	预拌混凝土 C20	m^3	880	≤5	280	280	282	
	（其他略）							

注：1. 此表由招标人填写除"投标单价"栏的内容，投标人在投标时自主确定投标单价。

　　2. 投标人应优先采用工程造价管理机构发布的单价作为基准单价，未发布的，通过市场调查确定其基准单价。

（2）发承包双方确认的承包人提供主要材料和工程设备一览表（适用于价格指数差额调整法）（表 12-69）

表 12-69　承包人提供主要材料和工程设备一览表（二）
（适用于价格指数差额调整法）

工程名称：××楼装饰装修工程　　　　　　　标段：　　　　　　　　第 1 页　共 1 页

序号	名称、规格、型号	变值权重 B	基本价格指数 F_0	现行价格指数 F_t	备注
1	人工	0.18	110%	121%	
2	合金型钢	0.11	4200 元/t	4080 元/t	
3	预拌混凝土 C20	0.16	280 元/m^3	282 元/m^3	
4	机械费	8	100%	100%	
	定值权重 A	0.42	—	—	
	合　计	1	—	—	

注：1. "名称、规格、型号""基本价格指数"栏由招标人填写，基本价格指数应首先采用工程造价管理机构发布的价格指数，没有时，可采用发布的价格代替。如人工、机械费也采用本法调整由招标人在"名称"栏填写。

　　2. "变值权重"栏由投标人根据该项人工、机械费和材料、工程设备值在投标总报价中所占的比例填写，1 减去其比例为定值权重。

　　3. "现行价格指数"按约定的付款证书相关周期最后一天的前 42d 的各项价格指数填写，该指数应首先采用工程造价管理机构发布的价格指数，没有时，可采用发布的价格代替。

参考文献

[1] 中华人民共和国住房和城乡建设部，中华人民共和国国家质量监督检验检疫总局. 建设工程工程量清单计价规范：GB 50500—2013［S］. 北京：中国计划出版社，2013.

[2] 中华人民共和国住房和城乡建设部，中华人民共和国国家质量监督检验检疫总局. 房屋建筑与装饰工程工程量计算规范：GB 50854—2013［S］. 北京：中国计划出版社，2013.

[3] 住房和城乡建设部标准定额研究所. 房屋建筑与装饰工程消耗量：TY 01—31—2021［S］. 北京：中国计划出版社，2022.

[4] 规范编制组. 2013建设工程计价计量规范辅导［M］. 北京：中国计划出版社，2013.

[5] 徐琳. 新版建筑工程工程量清单计价及实例［M］. 北京：化学工业出版社，2013.

[6] 黄梅. 装饰装修工程工程量清单计价与投标详解［M］. 北京：中国建筑工业出版社，2013.

[7] 张毅. 装饰装修工程识图与工程量清单计价［M］. 哈尔滨：哈尔滨工业大学出版社，2012.

[8] 程磊. 例解装饰装修工程工程量清单计价［M］. 武汉：华中科技大学出版社，2010.